JI CHU SHE YING JIAO CHENG

基础摄影教程

3 ——摄影与Ps处理篇

◎ 主编 刘泉友

U0397396

东南大学出版社
SOUTHEAST UNIVERSITY PRESS
·南京·

内 容 提 要

本书在《基础摄影教程》下册第八章的基础上作了延续。本书深入浅出地介绍了摄影图片的后期处理，最大特色是摄影后期中图片的创意与制作完美的融合。本书介绍了 Ps 中文字工具的操作和使用方法、图层基础知识及图层训练的有关图例、通道基础知识及运用通道抠图的常识、色彩范围在摄影图片中的实例运用、动作面板的基本操作方法及批量处理图片的程序、滤镜对摄影图片的艺术修饰、图层混合模式的运用、K2 外挂软件的基本操作方法、对摄影作品想象与组合的实际运用；还包括了摄影图片合成中的艺术构思等，都作了比较详尽的介绍。

本书内容丰富，通俗易懂，操作步骤详细明了，是笔者从事摄影教学多年来艺术与技术的沉淀。特别是案例操作部分，更是本书的重中之重，读者可以通过十分轻松的阅读方式，在不知不觉中掌握摄影图片的美化知识要点和 Ps 的操作技巧。

本书适合于大、中专院校美术及相关专业师生、美工、平面和广告设计师，特别是摄影工作者和摄影爱好者的培训用书。

图书在版编目（CIP）数据

基础摄影教程. 3, 摄影与 Ps 处理篇/刘泉友主编.
—南京：东南大学出版社，2014.2
ISBN 978-7-5641-2889-0

Ⅰ. ①基… Ⅱ. ①刘… Ⅲ. ①摄影艺术—教材 ②图象处理软件—教材 Ⅳ. ①J41 ②TP391.41

中国版本图书馆 CIP 数据核字（2014）第 021085 号

基础摄影教程 3——摄影与 Ps 处理篇

主 编	刘泉友
策划编辑	李 玉
责任印制	张文礼
封面设计	顾晓阳
出版发行	东南大学出版社
出 版 人	江建中
社 址	南京市四牌楼 2 号
邮 编	210096
经 销	江苏省新华书店
印 刷	南京顺和印刷有限责任公司
开 本	787 mm×1092 mm 1/16
印 张	13
字 数	316 千字
书 号	ISBN 978-7-5641-2889-0
印 次	2014 年 2 月第 1 次印刷
版 次	2014 年 2 月第 1 版
印 数	1—3000 册
定 价	88.00 元

（凡有印装质量问题，请与我社读者服务部联系。电话：025-83791830）

目录

基础摄影教程

——摄影与Ps处理篇

CONTENTS

3

1

1 应知应会：关于Photoshop中的色域设置

我们在 Photoshop（以下简称 Ps）中打开图片时经常会遇到"配置文件丢失"这样一个带有感叹号的文件提示，见图 1。这是一个色彩管理的小提示，在这个小提示框中你无论点选哪一项再按〔确定〕都可以打开该图片，按〔取消〕即打不开图片，但是在 Ps 界面中打开图片的色彩表现是

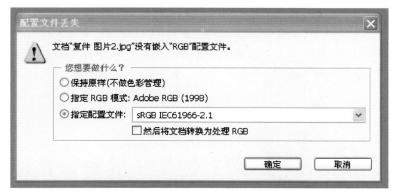

图 1

不一样的，关键是你的 Ps 中色彩的配置是什么样的。

由于每个人的图片色彩管理和设置存在一些小差别，所以在打开图片时表现得会不一样。这虽然不是什么大事，但我们还是要搞清楚为好。因为有的人在 Ps 中指定的配置文件为 sRGB IEC61966 - 2.1，也有的人在 Ps 中设置色彩配置为 Adobe RGB（1998），这两种配置在打开文件时会有一些小小的冲突，因此在打开文件时出现了警示问话框。那么，这两种配置有什么不同呢？我们做一个

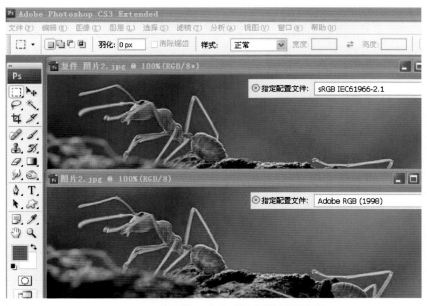

图 2　两张图片两种色彩配置的不同效果

小测试，见图 2。在图 2 中我们看到两种显示的色彩效果，sRGB IEC61966 - 2.1 色彩显示的淡一些，而 Adobe RGB（1998）色彩显示的稍艳一些。

如果我们打开 Ps 界面中的菜单→编辑→颜色设置来看一下就明白了，当鼠标的光标停

留在"工作空间"的第一行(打开右边的小三角)就会有说明,sRGB IEC61966－2.1反映一般 PC屏幕的特性,此标准色域已经受到硬件及软件制造商的认可,并成为许多扫描仪、低端打印机及软件应用程序的预设色域,这是适合网页使用的理想色域,但是不建议印前制作使用。(原因在于色域受到限制)

如果将它替换成 Adobe RGB(1998),则说明如下:提供相当大色域(范围)的 RGB 颜色,非常适合于文档转换为 CMYK 模式,如果从事涉及颜色范围很广的印刷工作,可以使用这种颜色模式。

从这两种说明中我们就明白了这两个色彩配置的使用不同,因为很多人在制作中没有去改动这个色彩配置,而一直都在沿用这个 sRGB IEC61966－2.1 的色彩配置,打开文件时也不会出现什么样的警示问题,而换用了 Adobe RGB(1998)的模式,再去打开 61966－2.1 的模式就会出现警示告知,但是在存储文件时默认了这个模式,再打开时就不会再出现"配置文件丢失"警示的小框框了。

2 可以抠图用的背景色橡皮擦工具

在橡皮擦工具组中的第二个是背景色橡皮擦工具,这个工具特色是画笔的直径中心有一个小小的十字,代表了画笔的中心部分,无论画笔直径调节的大与小,它都处在中心位置。它只是擦除画笔中心所指示的颜色,如不接触到中心的小十字,即使处在画笔直径下的其他颜色也不会被擦除。这对于抠图,特别是有毛边的图像而言是一个很好的工具。这就是背景色橡皮擦工具的特色功能。

背景色橡皮擦工具除有基本功能外,它在作图中还具有抠头发的功能,其使用方法如下:

打开一幅需要换背景的人物图片,背景色橡皮擦工具的基本原理就是可以通过选项吸取前景色保护,专门擦除背景色。首先点击背景色橡皮擦工具,可以看到在选项栏目中有吸管模样的图标,将鼠标指向它稍作停留就有"取样/背景色板"的文字提示,这就是专门选取背景色的图标,按下它可以擦除选定的背景颜色或根据容差大小相似的颜色。

下面再在选项栏的后面找到"保护前景色"选项打上勾号,那么设定的前景色或与前景色相似的颜色就可以保留。上面的两个选项都设置好之后,我们可以在工具箱下方的两个色盘上定下前景色与背景色,点击吸管工具,在需要擦除的背景部分点按即可,或者点按背景色盘打开,在图像中按 Alt 键也可以定下背景色。前景色的设置方法也一样,如图3所示。

色盘设置好后,点按背景色橡皮擦工具,大小可以用左右中括号键来调节,以画笔中心的一个小十字为准来擦除要去掉的背景色。在擦除的过程中要随时观察被擦除的与要留下的效果,以便调节容差的大小。

要说明的问题是,打开的图像是锁定的背景层,一旦背景色橡皮擦工具开始使用,这个锁定的背景层即自动解锁为图层0,被擦掉的像素部分就会露出棋盘格形状的透明层,如图4所示,如果我们想直接观察到被擦除后的效果,可以考虑先复制一个人像背景图层的副本,再在副本的下面加一个空白的图层1,用渐变拉出一个有色彩的图层1,就可以直接观察到擦除后的效果,如图 5 所示。

一般情况下,我们都是将人物抠出来移动到另外的图片中去。但是最终目的是因目标而做的,我们这里只是将背景色橡皮擦工具的基本使用方法做一个演示而已。

图 3

图 4

图 5

3 用画笔画出的星光镜效果

通常我们在拍摄玛瑙玉石等时,在布置光线时都会留下高光点,这虽然是不可避免的,但也可以利用,比如加上星光镜使其成为美丽的闪光点,也可以后期使用 Ps 为它加上美丽的星光镜效果。

基本方法是使用自定义笔刷进行组合来得到星光效果。其制作方法如下:

①打开要添加星光效果的图片,见图 6。选择工具箱中的画笔工具,把前景色盘设为白色,也可以根据想象设置其他颜色的光芒效果。

②点按图层面版下方的 图标创建一个新图层。

图 6

③按 F5 键盘,打开画笔预设对话框,也可以在〔菜单〕里的〔窗口〕下点按打开。设置为〔画笔笔尖形状〕,见图 7。设置较软的画笔或者直接点按 131 号框柔边椭圆,再设置画笔直径为 150Px,角度为 50度,可参考设置图,见图 8。

④设置各项参数后的画笔是一个长条形的,就可以在添加星光的区域闪光点上点按形成一个长条形,如果嫌小可以按两次或三次,然后再将角度设置到－43 度或－50 度,再在闪光点上点按左键就形成了十字交叉形的闪光,还可以设置小圆点的画笔在交叉点上点按形成中心点。

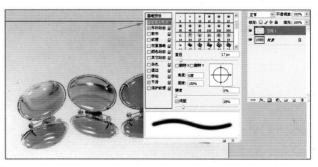
图 7

⑤这一切都是做在图层1上的效果,接下来我们可以使用自由变换工具将闪光效果随意的变大或缩小,还可以使用移动工具按住 Alt 键复制星光所在的图层得到多个星光,将其布置在其他的闪光点上,因为复制出来的都是单独的图层,每一个闪光效果都可以随意的旋转、变大或缩小,就可以得到不同角度和大小的星光效果了。做好后的图片效果如图9所示。最后合并所有图层保存即可。

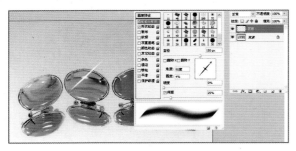

图 8

图 9

4 色彩的渲染——《雪中彩影》中色彩平衡的创意与使用

说到色彩平衡的使用,就要说到照片的调色。关于色彩,我们在摄影班就学过"色彩学",但是这里所说的是使用,使用靠的是思维的支配。从我们的生活经验得知,我们在看到不同的色彩时常常会产生不同的感觉,正是由于这种心理上的原因,色彩便有了冷暖、远近、轻重之分;同时又由于我们所具有的社会经验,不同的色彩往往又让人产生不同的更深一层的联想。于是当我们在拍照片的时候,也就常常会自觉或不自觉地应用各种色彩来烘托和强化我们想要表现的主题。

在电脑后期处理的过程中,我们对色彩的控制和改变较之传统的影像处理将更为灵活和方便,甚至可以对画面中的任何局部作极具个性化的色彩渲染。但每个人因其文化背景的不同,对色彩的理解与把握会有很大差异,即使是同一幅画面因不同的人来制作其结果也可能大相径庭。这就使得数字技术在影像的后期制作中,给我们在色彩处理方面带来更多的主观倾向。

我们这里就色彩平衡的使用举一个范例,这是金陵老年大学摄影班的学员在南京明孝陵拍摄的一幅画面:漫天的大雪,摄影人冒雪在创作拍摄。题材很好,画面中除了一把淡淡蓝色的雨伞,几乎就没有什么色彩表达的地方。如果做成黑白的画面也还不错,画面的主体人物处在黄金分割点上,而且影调较深非常得体。但是伞与

黑白画面很好,也有视觉中心,但是那把具有爱心的雨伞却并不突出

图 10

树梢几乎连成一体很不明显,这把伞是视觉中心上具有爱心的体现,如图 10 所示。鉴于此,我们还是使用彩色来做,可以尝试将雨伞变个颜色。

①首先要把置于画面右下角的日期删除掉,这是初学者易出现的毛病。使用〔矩形选框〕工具在日期上划出选区,点击菜单中的〔编辑〕→〔填充〕,打开填充对话框,点击"内容"框右边的蓝色小三角,在弹出的菜单中选择〔内容识别〕点击,如图 11 所示。再按〔确定〕,可以看见选区内的日期数字已被旁边的雪地所替代(这个操作也是 CS - 5 软件的一大特色),再按快捷键 Ctrl+D 取消选择,如图 12 所示。

②接下来将画面中的雨伞用〔磁性套索〕工具勾出选区。要注意的是:因为画面中牵涉到伞柄和人物,以及雨伞上部和树林中的树枝浑然一体,勾选选区时并不是很顺畅,可以将图片放大了去勾选,还可以使用快速蒙版将选区做得更加精细,这个选区做得好与不好在加色之后会使人感觉到画面的真实性与否,如图 13 所示。

③选区做好之后,打开菜单中的〔图像〕→〔调整〕→〔色彩平衡〕,也可以直接按 Ctrl+B 快捷键打开色彩平衡对话框,将〔色彩平衡〕调至〔阴影〕,把红色色阶调至+100,画面中的雨伞即变为暗红色的红伞,按〔确定〕退出色彩平衡对话框,如图 14 所示。

再来做一步,使用快捷键 Ctrl+U 打开〔色相/饱和度〕对话框,将饱和度调至 30%左右,为了现场的真实性,红伞的色彩不能过于鲜艳。如图 15 所示。

图 11

此处的文字已被 CS-5 中的(内容识别)消除

图 12

用快速蒙版可以把选区做得更为精细

图 13

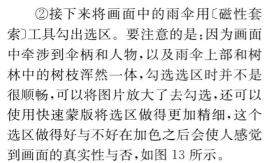

图 14

图 15

可以再做一步,在菜单中打开〔亮度/对比度〕对话框,亮度可以调节得暗一些,对比度大一些,由于对比度加大,伞面上的雪花会表现得更好一些,如图 16 所示。

④最后按 Ctrl＋D 取消选择,做完之后的画面就有了色彩的跳动,也有了对比,更有醒目的主体所在,见图 17。在"取景构图"一课中我们也说过如何利用色彩突出主体,在这儿就是属于这样的范例。

图 16

图 17

雪中彩影　范淑娟

5 利用渐变工具制作彩虹效果

随着空气污染的日益严重,想要看到并拍摄到美丽的彩虹似乎成为一种奢望。而这种很美观的自然现象,总是能够让一张平淡的照片变得很神奇,给画面平添一些吉祥如意的感觉。那么我们完全可以在 Ps 中创建这样的彩虹效果。

这一节的操作要点就是打开照片→在渐变编辑器中调整彩虹渐变效果→利用渐变绘制和图层混合创建彩虹→使用图层蒙版修饰彩虹或用自由变换调整彩虹→用不透明度调整彩虹。

图 18

①在 Ps 中打开素材片,调整画面的大小及明暗。

②先将工具箱中的前景色和背景色设置为默认的黑和白,再选择工具箱中的渐变工具,单击属性栏中的颜色渐变方框,在打开的〔渐变编辑器〕中调整彩虹渐变效果。

③首先在渐变条的下方右侧单击鼠标,添加一个渐变控制点,将控制点的颜色设置为黑色,把位置设置为 87％,如图 18 所示。在 90％ 的位置上再添加一个新的渐变控制点,单击颜色方框,将色彩设置为绿色〔数据 R＝50,G＝117,B＝C〕。设置好之后按〔确定〕,如图 19所示。

在 93％的位置再添加一个新的渐变控制点，单击颜色方框，将色彩设置为黄色〔数据为 R＝255，G＝255，B＝0〕，按〔确定〕，如图 20 所示。在 97％的位置再添加一个新的渐变控制点，单击颜色方框，将色彩设置为红色〔数据为 R＝255，G＝0，B＝0〕，按〔确定〕，如图 21 所示。再将最后一个渐变控制点设置在 100％处并将颜色设置为黑色，然后单击〔确定〕，如图 22 所示。

图 19

④彩虹的渐变条做好之后，就要创建渐变效果了。单击〔图层面版〕下方的 按钮，为画面创建一个新的图层。再按下属性栏目中的径向渐变 按钮，这样可以得到弧形的彩虹效果。在新建的图层中从下向上拖动鼠标，就得到渐变的彩虹效果了（这是黑底的彩虹效果），如图 23 所示。

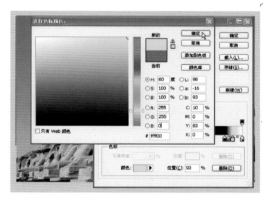

图 20

图 21

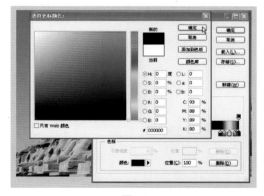

图 22

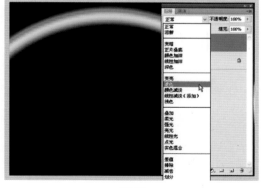

图 23

⑤在〔图层面版〕上将混合模式设置为〔滤色〕，这样就可以使彩虹图层和背景图层叠加，如果觉得大小及方向有异，可以用〔自由变换〕去调节，如图 24 所示。

⑥选择〔图层〕→〔添加图层蒙版〕→〔显示全部〕命令，为彩虹所在的图层添加一个图层蒙版，因为要修掉多余的彩虹部分。将前景色设置为黑色，选择较软的画笔工具修去多余的彩虹部分，如图 25 所示。修理完毕之后，用右键点击图层上的蒙版部分，在下拉出的菜单里点击〔应用图层蒙版〕。

⑦由于彩虹部分比较清晰,所以再点击菜单中的〔滤镜〕→〔模糊〕→〔高斯模糊〕命令,在弹出的对话框中将〔半径〕设置为 5—6 的数值,这样的彩虹就比较真实(数值视像素大小不同)。

⑧在〔图层面版〕上将〔不透明度〕设置为 70%,这就是最终的彩虹效果。

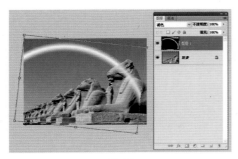 

图 24   图 25

当然,你还可以将这种做好的彩虹渐变效果存储在渐变编辑器中,方便以后再行制作时可随时调出来使用。存储的方法可以按〔渐变编辑器〕中的〔新建〕,再按〔存储〕,你还可以给它自定一个名称。

6 利用渐变工具创建意境之———梦幻效果

我们还可以将一幅很普通的图片加上渐变颜色(颜色可以根据画面的效果自定)达到一种想象,创建一种意境的效果。这也是利用渐变工具来做到的。比如这幅在木桥栈道上拍摄的姑娘,作品拍摄得很到位,如果加上粉色的意境效果,配上姑娘的梦想表情就会更具有想象力。

①打开原图片,点图层面版下方的〔创建新的图层〕图标为照片建一个图层 1,如图 26 所示。

②点击渐变工具,将前景色设置为品红色,如图 27 所示。再打开渐变编辑器,设定为〔前景色到透明〕的渐变效果,按〔确定〕,如图 28 所示。

图 26   图 27

③下一步要确定工作层在空白的图层1上,点击属性项目的第一个为〔线性渐变〕,按住鼠标在画面上自上至下拖出品红色到透明的渐变效果,如图29所示。如果觉得品红色有些过分,还可以将图层面版上的〔不透明度〕减低来达到想要的效果,也可以用移动工具将图层向上移动,达到自己理想的效果就可以,如图30所示。最后合并图层即完成本例《粉色的梦》的制作,如图31所示。

这样的制作既简单又有意境效果,根据想象还可以制作出《蓝色的梦》等。

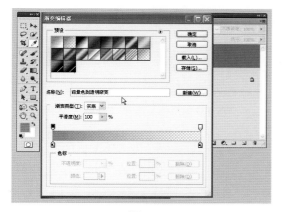

图28

图29

图30

图31

7 利用渐变工具创建意境之二——雾中朦胧效果

前面的制作把渐变颜色加在另一个新加的图层上即可,既简单又方便。如果图片前面是人物,后面背景要呈现出一片雾气濛濛的状态也可以使用渐变工具做出来,但前提是要把前面的人物抠选出来,再在背景上去做渐变效果,如图32所示。这样的制作虽然比较麻烦,但是效果很好。下面我们尝试用外挂滤镜K2抠图的方式先将人物抠选出来,再做渐变效果。

①打开原图片,将锁定的背景图层拖到图层面版下方的〔创建新图层〕图标上,复制出背景副本,因为锁定图层是进入不了 K2 界面的,所以必须复制,如图 33 所示。

原图片

将背景做出渐变效果,感觉雾气濛濛

图 32

②打开菜单中的〔滤镜〕→〔Knockout2〕→〔Load working layer〕进入 K2 抠图的工作界面,如图 34 所示。K2 抠图属于外挂滤镜,必须事先在 CS-3 软件中安装这种外挂滤镜才能打开使用。

图 33

图 34

③首先要绘制内部选区,用鼠标点击左侧工具箱的〔内部选区工具〕,再点击〔多边形模式〕,如图 35 所示。它的使用方法和多边形套索工具一样,先是沿着人物的内部绘制选区,绘制好即封闭选区出现蚁形线。

④接下来再点击工具箱里的〔外部选区工具〕,再点击〔多边形模式〕,如图 36 所示。沿着人物外部绘制选区,注意把姑娘散乱的头发都包括在选区内,绘制完成,如图 37 所示。

★K2 的工作原理是:选区的内部是完

图 35

全不透明的，是要留下的人物部分。而外围是要去掉的完全透明的部分。双重的选区内即是电脑软件要处理的部分。

图 36

图 37

⑤选区绘制之后，接下来在左侧工具栏的下方选择〔细节模式〕，数值越高越精细，它的默认值是3，这里的毛发效果要求并不是太高，默认值即可。点击 图标（这个图标是处理图像和显示输出图像的确认标示，点击它之后软件即可自动处理图像，快捷键是 Ctrl＋P），画面即自动生成背景，显示抠出后的图像，如图 38 所示。

★如果感觉在抠出后的图像边缘上有什么不太理想的地方，可以用左侧工具箱里的〔润色擦子〕来擦除。也可以在返回 Ps 界面中时去擦除。它和 Ps 中的橡皮擦工具功能一样。

图 38

⑥图像既已抠出，下面点按菜单中的〔文件〕→〔应用〕就会返回到 Ps 界面中去，如图 39 所示。现在我们看到的就是返回在 Ps 界面中的图像效果，背景副本显示的就是人物被抠出来的效果（背景已显示为透明色），如图 40 所示。

图 39

图 40

⑦下面我们就要做渐变效果了。点击背景层为蓝色,再点击图层面版下方的〔创建新图层〕图标,这是为透明的副本层下方创建一个空白图层,再用渐变工具,点击前景色为白色,点出渐变编辑器,设为〔前景色到透明〕,如图 41 所示。再使用〔线性渐变模式〕,即可在空白图层上自上至下拖拉出渐变色效果。再将图层面版上的不透明度降至 65% 左右,如图 42 所示。

图 41   图 42

⑧至此,雾气濛濛的渐变效果就出现在姑娘的身后,意境图片也已做好。如果在人物的边缘部分还有什么不理想的地方,还可以切换到背景副本层去用橡皮擦工具修理,如图 43 所示。最后合并图层即完成本例制作。

图 43

8 选区中〔调整边缘〕的使用方法

前面我们学习了矩形选择工具、椭圆选择工具、套索工具和魔棒工具等规则与不规则的选择工具,都是为了做出选择区,选区在我们的修图中是非常重要的,下面我们再来学习对选择区的边缘进行精细调整的方法。在 CS-3 以及以上的版本中我们可以看到在属性选项栏中有〔调整边缘〕的选项,在工具箱中使用任何一个选择工具,在属性栏中都会有这样一个

选项出现。如果单击它就会出现这样一个〔调整边缘〕的对话框,见图44。在这个对话框的

图 44

下部是说明,我们可以按照说明来操作快捷键得到预览的效果。比如我们按照说明按 F 键以循环预览模式,那么大画面中出现的图像模式就是一排小画面中有蓝框选中的那一幅。我们也可以使用鼠标点击一排小画面中的任何一幅以观察大图的图像效果。第一个图标是标准显示,当我们将鼠标指向它的时候在旁边会出现文字说明,选择区是用蚁形线来表示选择区域的。第二个图标是快速蒙版显示,选择区的内部是正常显示,选择区外部是以快速蒙版定义的某种颜色以半透明遮盖的方式来显示的。第三种是黑底显示方式,很直观的将选择区

的内部区域留在画面上,外围蒙以黑色很醒目。第四种白底的模式也是这样一种很明显的显示方式,也就是说将来我们抠出的这个图形不管放在黑底上还是白底上都有一种很直观的预览方式。第五个也是最后一个是以黑白显示的,黑色显示的是未被选择的区域,白色表示将要被抠出来的区域,如图45所示。将来我们在学习 Alpha 通道的时候就会学习到这些常识。这就是这里的五种显示模式。下面我们将对话框中的预览打上勾号,这样我们在调整选区边缘的时候可以实时的观察到调整参数对被调整的画面带来的变化。——好!下面我们将预览模式改为第三个模式黑底,就对话框中的几个调整参数的使用来说明一下,以便我们更好地利用它们为我们选择区做出更好的状态。

①

②

③

④

图 45

当我们的鼠标移向〔半径〕的时候,下部的说明就会起相应的改变,说明中写道:"增加半径可以改善包含柔化过渡或细节区域中的边缘,使用对比度可以去除不自然感"。所以在调整了半径之后可以看见对生硬的边缘有了柔化的作用。而对比度调大时会看见边缘部分就比较生硬了,这是两个互相牵制的调节方式,用这两个模式调节可以调到边缘部分符合我们的要求,这就是半径和对比度的使用方法。

我们回到默认值〔是为了不动这两个参数〕,再来看看平滑,和前面一样,当我们的鼠标移向〔平滑〕的时候,它就有说明告诉我们这是为了平滑锯齿边缘,下面的说明也写道:"平滑可以去除选区边缘的锯齿状边缘,使用〔半径〕可以恢复一些细节。"那么就是说平滑这个选项,当我们调高的时候会自动进行调整去掉锯齿状。比如我们测试一下,将平滑调低,而将对比度调高,就会发现在边缘部分出现了锯齿现象,而再将平滑度调高,就可以看见对锯齿现象进行了有效的融合,变得平滑多了,这就是平滑选项的作用。

下面我们再看〔羽化〕,这里的羽化和我们选择菜单里的羽化是一样的,它可以将边缘融合化,将边缘部分变得模糊。较大的羽化值会造成非常模糊的虚化作用。

好! 我们再将所有的数据调回到刚才默认的状态,看看收缩和扩展是什么意思,收缩和扩展顾名思义就是可以将我们的选区向内或向外收缩或扩大,如果调得比较高,可以看见选区变大而且有外围边缘的显现,这是扩展。如果调得比较低,是向内则是收缩,使选区变得小一些。我们如果用这样的方法来去掉毛糙的边缘则是非常好用的工具,将来在调节选区边缘的时候,可不要忘掉了这样好用的工具哦。

至于对话框里的放大工具和抓手工具想必大家都会知道是什么意思,这里就不多说了,这就是〔调整边缘〕对话框的使用方法。

除了使用〔调整边缘〕修改选区之外,还可以使用菜单下的〔选择〕→〔修改〕。修改的子菜单中还有边界、平滑、扩展、收缩和羽化,如图 46 所示。

我们打开看一看,(在画面有选区的情况下)边界的意思就是点击之后弹出边界选区对话框,输入像素的数值多少再按〔确定〕,即会出现双重的选区框结构,如图 47 所示。它的作用根据制作者自己的要求而定,比如做一个框架结构等。

图 46

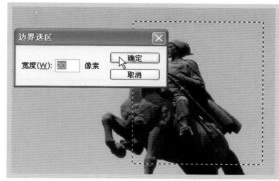

图 47

在弹出的〔边界选区〕对话框中设置像素的多少

双重的选区结构做好之后,按Delete键露出的肯定是背景色(图层锁定的情况下),如果图层已解锁按下Delete键则露出的是透明色,如图 48 所示。

平滑的作用是为选区更加平滑无锯齿状〔但不是羽化作用〕。比如有了矩形框选区,输入的数值越高越平滑,越圆润。但要求是 1 和 100 之间的整数。

扩展和收缩就是在输入数值后向外或向内扩展或收缩选区。而羽化的作用就是在做好了选区之后追加的羽化值。

①双重选区的宽窄是选区的多少

②按 Delete 键露出背景色

③按 Delete 键露出透明色〔解锁〕

图 48

9 Photoshop中文字工具的操作使用

在 Ps 里不仅可以处理图形,同时也可以处理文字。因为我们处理一幅作品的时候,图和文一般是分不开的。但是要切记,在 Ps 里处理文字不能像在 Word 里去处理这些文本。Ps 里的文字是属于矢量造型的,任意缩放也不会改变它清晰的轮廓。在处理图像时文字的编辑是必不可少的,特别是在做杂志封

图 49

面、宣传画、海报、摄影作品标题时更是一定要用到的。点击工具箱里的〔T〕即是文字工具,如图 49 所示。它为我们提供了两组文字工具〔横排和竖排〕和文字蒙版工具〔横排和竖排〕,使用文字工具可以输入实体文字,而使用文字蒙版工具则可以创建文字选区。一般情况下,Ps 里的文字量不是很大,如果大批量的使用文字都是使用 Word 文档。

（1）文字工具的属性

下面我们先来熟悉一下文字工具的属性栏,点击文字工具就会在界面上方出现文字工具的属性栏目,如图 50 所示。我们可以在属性栏里完成字体大小、颜色、字型等设置后进行文本的输入。

图 50

（2）建立新的文字层

在工具箱里选择〔文字工具〕后,在打开的图片或文件里单击就会自动生成一个新的文字图层,所用的文字输入方法根据个人所好自行选择。全拼、智能 ABC 或是其他的输入方法都可以。在点击出现输入光标后即可输入文字,回车键可以换行。若要结束输入可以按 Ctrl＋回车键或点击公共栏的提交按钮,也可以点击移动工具结束。输入文字后将会自动建立一个文字图层,图层的名称就是文字的内容,如图 51 所示。这种输入就叫〔点文字〕,每行文字都是独立

图 51

的,行的长度随着文本的编辑增加或缩短,但不会自动换行,若要换行必须按回车键,文字多的时候不建议用这样的方式。在做杂志封面、摄影作品标题名称或文字修饰的时候可用此方式。

(3) 段落文字(建立新的文字层)

这是输入文字的第二种方式,创建段落文字的方法是:选择文字工具,在文件或图片中单击并同时拖动鼠标,文件或图片中就会出现一个虚线框,松开鼠标即可得到〔段落控制框〕,然后在段落控制框里输入文本内容即可。

这种文字基于定界框的尺寸换行,而且文字是自动换行的;不足之处就是文字比较多的时候很容易隐藏造成内容的不完整性。还要注意识别——当文本框的右下角出现小"十"字符号时就表示有文字被隐藏,此时就需要放大文本框,如图52所示。

图 52

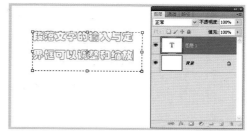

图 53

如何变换段落文字:

①缩放定界框——将鼠标光标指在右下角的控制点上,同时按住 Shift 键,鼠标成双箭头时,可以成正比例缩放,如图53所示。

②旋转定界框——将鼠标光标放在控制点外,鼠标成弯弯的双箭头时可以旋转,如图54所示。

③倾斜定界框——如果按住 Ctrl 键,可以用鼠标拉动外框进行倾斜的变动。

④缩放定界框和字体——如果按住 Alt 键可以进行上下大小字体加外框的缩放。

⑤更改文本的方向——点击属性栏上的〔更改文字方向〕按钮,可以进行横排文字和竖排文字的切换,如图55所示。以上是段落文字的几种编辑方式,在使用中我们还可以多多的尝试其他的方法。

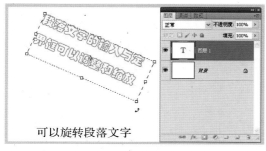

可以旋转段落文字

图 54

更改文字的横排与竖排

图 55

★段落文字也可以很容易地通过空格键、鼠标拖拉等方式对文字进行编辑,同时也可以在屏幕上通过鼠标拖拉改变其位置,当然也可以在文字之间进行插入等操作。文字可以作为矢量图形输出,也可以对它进行文字栅格化,栅格化后的文字就是普通图层,可以对其进行喷涂或应用滤镜效果，这在后面的课程中会讲到，比如制作印章等。

（4）更改文字颜色

更改文字颜色有三种方法，如图 56 所示。

①选中文本，点击属性栏中的〔设置文本颜色〕，就会自动弹出拾色器，在拾色器中可以任意挑选颜色，按〔确定〕即可。

②选中文本，在工具栏中单击前景色盘，在里面挑选任意的颜色按〔确定〕即可。

③选中文本，点菜单中的〔窗口〕，在下拉出的子菜单中点选〔字符〕，可以弹出字符对话框，在里面点选颜色，和上述一样在弹出的拾色器中点选任意的颜色即可。还有一种方法就是可以使用

图 56

快捷键填充的方法，比如用前景色填充按 Alt＋Delete 键，用背景色填充按 Ctrl＋Delete 键也是一样可以改变字体的颜色。

（5）字符面版的说明（如图 57 所示）

在属性栏的右边有字符面版的标志，在菜单中的窗口下也可以点出字符面版，使用字符面版可以设置字符属性，这是文字制作时必不可少的一项。除了属性面版中已有的比如字体、字体大小、颜色、消除锯齿等选项外，还有一些属于艺术夸张的字体表现方法。

图 57

字符使用说明

①垂直缩放——变换百分比可以得到字体的长或扁，正常的默认值是 100％。

②水平缩放——是变换字体左右距离的空间，压缩字体左右的间距，可以拉蓝了用鼠标

滚轮试一试,而它的默认值也是100％。

③设置字符间距——这是设置所选字符的比例间距,它的设置是有限度的,可以从0％到100％,多了可就无能为力了。100％的时候文字之间会挨得很挤。

④字符字距调整——这是设置所选字符的字距的调整,它的设置非常了得,默认值是0,可是上下之间的调整可达正负1 000,可以将一排文字压缩在一起,也可以将文字之间拉出很大的距离,我们可以打出一排文字,实际操作尝试一下就会明白。

⑤设置行距——这个设置很好理解,它就是设置文字每行之间的距离。首先要把字体全部选中〔用鼠标拉成黑色〕,一般都设为〔自动〕,正常情况下的行距为100点,点数值越大,拉开的距离越远,这个设置也是经常用到的。

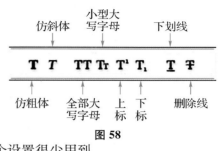

图58

⑥设置基线偏移——就是将文字全部选中,设置点数的大小,让文字偏移这个基本线,0点为正常点的数值,向上偏移为正点,向下偏移为负点。一般情况下,这个设置很少用到。

⑦字体选项的设置——字体形式有四种。

(1) Regular 〔标准〕

(2) Italic 〔倾斜〕

(3) Bold 〔加粗〕

(4) Bolditalic 〔加粗并倾斜〕

正常字体 加粗字体 *倾斜字体*

***加粗倾斜* <u>加下划线</u> ~~加删除线~~**

图59

我们看见字符面版的下方有一排〔T〕型字的说明,如图58所示。我们在制作文字的时候会经常出错,但不知错在哪里,其实是不在意点了什么地方,所以了解这里的选项是非常必要的,如图59所示。

我们在做文字的时候可以为同在一个文字层中的每个字符单独指定字体形式。〔必须将要改变的每个字拉成黑色单独改变〕要注意的并不是所有的字体都支持以上四种字体形式,大部分中文字体都不支持,中文字体可以通过字符面版来指定。

图60

(6) 段落面版的说明(如图60所示)

有左对齐文本、居中文本、右对齐文本,顾名思义应该有所明白。

避头尾法则:指定亚洲文本的换行方式。不能出现在一行的开头或结尾的字符〔通常中文段落中标点符号不能出现在行首〕称为避头尾字符。

间距组合:在使用以上方法排版过程中会改变原来默认的间距,所以也算是一种间距组合。

连字:就是标点符号不应该出现在句首,如果出现了就选连字来解决。

(7) 创建变形文本

文字输入文件后的图层显示是〔T〕型文字图标,文字变形有两个命令,图层面版中文字简单的变形后在图层中不会显示,图标也不会改变,但是添加了变形文字后会有特定的图层图标来显示,如图 61 所示。

先说简单的变形——通过点击菜单中的〔编辑〕→〔变换〕或是〔自由变换〕,可以对文字进行缩放、旋转、斜切、水平翻转、垂直翻转等变换。这样的操作不管是文本图层还是图像图层都可以使用,但是图层面版中的图层不会显示,图标也不会改变。

图 61

但是创建了变形文字后,这个命令只是针对文字图层,可以将文字变成扇形、上弧形、下弧形、鱼眼、挤压、旗帜、花冠还有凸起等多种形状,在图层图标上就有了变化,如图 62 所示。

图 62

（8）栅格化文字

文字栅格化是将文本格式的图层转变为普通图层,也就是位图文件,在 Ps 里有很多的滤镜功能都是针对位图进行的。我们可以对任何的图层加以滤镜效果,但不能对文字层加滤镜效果。如果文字图层转换为普通图层,就不再具有文字的编辑性质。所以在进行文字的栅格化之前,必须将文字调整好。这些功能的使用在后面的制作课程中我们都会讲到。

（9）文字样式效果的添加

这也是文字图层的样式效果。文字中不论是文本格式还是图像文件都可以添加效果,点击图层面版中的〔混合选项〕来改变文字的单一模式,可以添加投影、浮雕、描边等效果。在后面的制作课程中有一堂课专门会讲图层样式效果。比如样式中的下雨和下雪,还有石雕效果等,如图 64 所示。

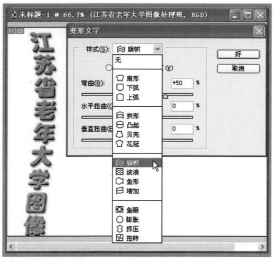

图 63

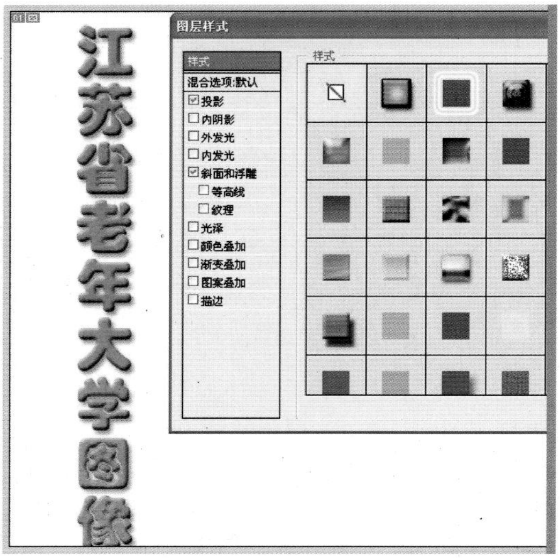

图 64

10 图层基础知识

（1）图层的类型

图层常见的有三种，第一种为我们现在看到的普通图层，这很简单也好理解。而第二种称为智能图层，这比较鲜见，智能图层的产生说明白一点就是在原有的文件中又嵌入了一个文件，它在图层中的图标如图 65 所示。（它的最大好处就是在缩小之后重新放大的无损操作。）现在我们在它的图标上双击就会弹出这样一个对话框，如图 66 所示。再按〔确定〕就会出现另外一个文件（其实这就是嵌入的另一个文件）。可以这样说，智能图层就是文档里面嵌入文档。这样的图文档有一些小的区别，就是在合成进去的时候是选区文档还是带有蒙版的文档，如图例的 67、68。第三种类型为调节图层，调节图层来自图层面版的下方图标，这样的图层是用来调节色彩、亮度对比度和色阶的。

图 65　　　　　　　　　　　　　　　　图 66

图 67　　　　　　　　　　　　　　　　图 68

（2）背景图层的转换

打开一幅 JPEG 格式的图片，在图层面版上就会有一个锁定的背景图层，要把它转换为普通的图层，在背景层上双击，并在弹出的对话框中按〔确定〕即可解锁，也就转换成了普通图层。也可以在激活的锁定工作层上按鼠标右键，再点背景图层也一样。再就是比较正规

的在菜单中点击〔图层〕→〔新建〕→〔背景图层〕都可以解锁,还可以为解锁后的图层命名。如果要把解锁后的普通图层再次回到原来的锁定状态只要在菜单中点击〔图层〕→〔新建〕→〔背景图层〕即可。这是图层的转换方法。

（3）图层的上下切换

可以用鼠标左键按住图层上移或下移即可改变图层的上下关系,也改变了视觉上的图层效果关系。这一拖一拉看似无关紧要,但在图片制作中,这是一个非常重要的手法,必须切记!

（4）图层面版上的基本操作

用两张图片将一张局部合成进另一张,配合讲解图层面版的基础知识。在 Ps 中图层是非常重要的一个概念,没有图层我们就无法对图像进行合成操作。下面我们对图层面版作一个简单的认识。假如在界面上没有图层面版的话,我们可以打开菜单中的窗口—图层,将它调出来,也可以按下快捷键 F7 将它调出来显示,如图 69 所示。

图层面版中图层图标大小显示可以在图层面版下方空白处用右键点击即会弹出选择菜单,你可以选择无显示或小、中、大等缩览图,也可以选择居中或边界效果。还有一种选择缩览图的方法就是点选图层面版右上角的小三角,在下拉出的子菜单中点选〔图层面版选项〕,就会弹出选项面版即可自选,这是根据作图的视觉需要来选择的,如图 70 所示。

图 69

图 70

我们可以看到在图层面版上分有这样几个区域,最上面的是浮动面版合成在一起的几个选项,比如图层、通道、色板等,因为这是可以自定义的,所以一般情况下都是将几个常用的选项自定义组合在一起,在我们图像处理课程刚开始的时候介绍 Photoshop CS-3 界面就已说过。左上方显示的是图层混合模式,可以在里面根据需要设置图层的混合模式,让上层和下层进行明暗及颜色的运算来得到结果色及形式,也就是说得到一个新的图像结果。不同的混合模式有着不同的明暗及颜色的运算公式和混合结果,如图 71 所示。

在右上方是不透明度和填充这两个选项,如果我们将所在图层〔显示为蓝色工作层〕不透明度降低的话,将下面的小滑块向左拉动就会显示不透明度的多与少。填充的选项在这里和不透明度的作用是相似的,它们两个的不同之处在于使用图层样式的时候,可以选择尝试使用它们的不同结果。图 72 所示是将三个图层分别用 50%、70%、90% 的不透明度来显示的。

图 71

图 72

再看下面有四个锁定的小图标,使我们可以按自己的要求分别对图层进行锁定,我们在后面使用的时候会详细说明。再往下看则是图层的显示区域,画面上有几个图层,这儿则显示几个图层,左边的小眼睛图标是这幅图片的可见性显示,点击小眼睛图标就看不见了,则为不可见图层,但实实在在还存在着,再点击就恢复了图标和图层为可见。

★如果在多图层的情况下,只留下某一个显示,而其他的都要隐藏起来,但一个一个的点击比较麻烦,可以按住键盘上的 Alt 键单击要留下的那一个图层的眼睛,其他的则都隐藏起来了。如果要再次显示,重复操作即可。

在图层的右边显示为蓝色,为当前的工作层。如果我们给这幅图片添加一个样式的话,比如点击图层面版下方的 *fx* 样式图标,则会显示样式对话框,再点击〔投影〕—〔确定〕,即会在蓝色的显示层下面出现投影的字样〔当然在图像里就会有投影的效果〕,最右边还会有一个向上的小三角,点击这个小三角就将样式的说明收了起来,节省了图层显示的空间,同时小三角就向下显示,当我们需要再对这个样式进行编辑的时候,再点击就可以显示出来。还可以对样式的显示进行单独显示(点击小眼睛为不可见),如图 73 所示。

图 73

在图层面版的最下面是图层常用的操作按钮,如图 74 所示。比如第一个为链接图标 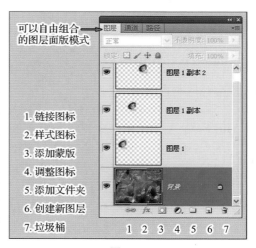,在需要的时候,它可以将两个或再多一些的图层链接在一起,也可以解除链接。比如我们将某个图层复制一份,将正在显示蓝色的工作层向下拉到最下方的图标上即可复制一个图层副本,再按 Shift 键或 Ctrl 键将两个图层同时选中,就可以看见这个链接的图标被激活成可用状态,就可以点击它将这两个图层链接起来,在老版本的 Ps 中,链接图层的操作是在小眼睛位置的旁边有个小方框,可以在框里直

图 74

接链接图层,而在新版本中链接被安排在这个位置。

再往右为添加图层样式fx,添加图层蒙版◻,创建新的调整图层◕,创建图层组▭,创建新图层▣等等,最右边的一个为删除图层或叫垃圾桶🗑,如果无用的图层可以拉进去删除掉。

以上这些就是图层面版的基本使用方法,后面在使用中我们会逐渐讲到这里面的很多功能和各种操作方法。

（5）图层面版上的删除、复制与新建

①删除图层的几种方法

上面我们说了图层面版上的各种使用方法,下面再来说说图层面版上的删除,复制与新建。现在来看这幅图片,这里有三个图层:背景层,图层1,图层1副本。如果想把最上面的图层1副本删除的话,可以直接把它拉下来到垃圾桶里就可以了,这个图层1副本就给删除了,这是第一种删除的方法。好！我们再返回来说第二种方法。第二种就是选择图层(有蓝色的工作层)单击删除图标,就会出现"要删除图层1副本吗?"的问

图 75

话框,单击"是"即可删除。假如勾选了问话框中的"不再显示"的提示,以后就不会再出现这样的提示了,而是直接就删除了图层。如果在这个图层中已经做了图层样式的话,你不想删除图层,而只是想把样式删除,可以用鼠标只按住样式拖到垃圾桶里就可以了,从而只将样式去掉,如图75所示。

②图层的复制

下面我们再来说说复制。前面我们已经做过一次就是将图层1用鼠标按住拖到图层面版下方的〔创建新图层〕图标上就可以复制图层1副本,这是一种复制图片图层的最简单的方法;另外一种复制图片图层的方法是选中该图层,〔蓝色层〕按下快捷键Ctrl+J就轻易地复制了该图层的副本,这也是复制图片图层的方法。当然还有比较正规但麻烦的方法是在菜单中选择图层复制的方法,这样的方法一般用得比较少。还有一种复制方法最为快捷,按住Alt键在激活的图层上向下拖一下即可复制该图层的副本。这就是复制图层。

③图层的新建

那么我们再说说新建图层。直接单击图层面版下方的〔创建新图层〕图标就可以创建新图层,但是这个图层是个透明层而不是图片图层,我们也可以将图片图层和透明层合并在一起,也可以单独使用。一般情况下,我们在做一个效果时,不是在原图片上做,而是创建一个新图层,待做好了,修理完善了,将它与背景层合并。★比如为图片加一个描边的外框,加好之后还要擦除某些地方,就不能在原图片上去做。

★在新建图层的时候还要注意当前的所选图层位置,因为新建的图层会在当前的图层上面新建。这就可以避免在后面还要去调节图层上下的关系。

如果要新建一个指定名称的新图层,可以点击图层面版右上角的小三角,在下拉出的子菜单中点〔新建图层〕,会弹出新建图层对话框,在对话框里可以输入名称,颜色设置等。当

然也可以在菜单中点〔图层〕—〔新建〕,这样的新建是比较规则的。

(6)更改图层的名称

在制作中有时会做出很多的图层,往往会记不住。我们就需要更改图层的名称,这里有两种方法可供参考。①在激活的蓝色图层上点右键,再点图层属性,在弹出的对话框里更改名称。还可以设置醒目的颜色标识。②可以直接用鼠标对着图层的数字双击来更改名称,输入完成后按确认键〔回车键〕即可。要注意的是如果不是直接对着数字双击,弹出的就是图层样式对话框,如图76所示。这就是图层面版上删除、复制与新建图层的方法。

① ② ③

图 76

(7)图层的移动与链接

好!下面我们再来看看如何快速移动图层以及在移动的同时复制图层的方法,假如说我们现在正在做其他的操作,比如正在使用套索工具,此时按下 Ctrl 键就快速的切换到了移动工具上〔松开可回复〕,如果按住 Ctrl 键的同时又按住 Alt 键,这时鼠标变成了两个小三角形,也就是在移动的同时又复制了图片图层。

那么怎样在图层面版中选择多个图层同时移动呢?可以使用按住 Ctrl 键的方法用鼠标挨个选中〔为蓝色〕,也可以选中不相邻的图层在一起移动,还可按 shift 键选择一排,也就是说在不链接的情况下可以一起移动。当然你也可以将它们链接起来同时移动,在链接的情况下,即使选择了单个的图层也可以一起移动。假如说你想把某个图层解开链接的话,选择单个的层,单击图层面版下方的链接图标就可以解除该图层的链接了。这就是选择和链接多个图层的方法,如图77所示。

图 77

图层的链接状态

在多图层的链接中,如果只是想暂时脱离某一个层的链接,可以按 Shift 键点击图层中的链接图标,连接图标就会出现一个小叉叉,即可暂时脱离链接单独移动。再回复链接就再操作一下即可。

在多图层的面版中,选哪一幅就移动哪一幅这是常识,如果想一幅也不选,只在下方空白处点一下就可以,进入停滞工作状态。

在移动工具一课中我们说过,用移动工具在属性栏中点选〔自动选择〕,即可在画面中点哪儿就移动哪一个图层,在图层面版中会自动切换到哪一个图层。如果〔自动选择〕没有勾选,也可以按住 Ctrl 键点击移动,效果和勾选是一样的。

(8)图层上锁定功能的使用方法

接下来我们再看看图层面版中有一排四个锁定图层的选项,如果我们选择了某个图层,再来看看它们的使用功能,第一个为〔锁定透明像素〕,如图 78 所示。如果我们没有选择它的话,是可以使用画笔在我们选择的该图层中进行任意的绘画,我们试一试的话就可以看见画出的前景色(但是画出的前景色仅仅就是在选择的该图层上)。如果点击了锁定透明像素的图标,再用画笔去试一试,那就只能在不透明的人像部分绘画,而其他的透明层是画不出来的,这就是锁定了该图层的透明像素部分,这是第一个〔锁定透明像素〕的意思。

图 78

我们返回来再看看第二个〔锁定图像像素〕,当我们点击锁定它的时候,再用画笔在上面进行绘画,画笔选项是不可用状态,比如换个模糊、加深、图章等工具都是不可用的状态,如果单击动,会弹出告诫的对话框,"不能完成请求,因为图层已锁定"。但此时只是锁定了位置不能移动,我们还可以进行绘画,如果既锁定了位置,又锁定了绘画〔图像像素〕,那就既不能移动也不能绘画,因为这两项可以同时锁定,这就是多选状态。

最后一个是锁模样的图标,它就是锁定全部。它其实就是前面三项的总和,既不能绘画又不能移动。那么有的同学观察得很仔细,会问:在背景层上的一把锁是白色的锁,它和其他图层上的黑锁有什么不同呢? 背景层上的锁和其他图层的锁是有个不一样的地方,背景层上有黑锁时我们就不能移动,锁定透明层和它也没有什么关系,但是可以绘画,因为它是白色的锁。比如我们现在给背景层上解锁,双击背景层,它会弹出"新建图层"对话框,我们可以先给它命名,也可以单击确定,这样就给背景层加了一个透明层,使它成为图层 0,也就解了锁。也可以直接按住 Alt 键双击背景层,即可变成图层 0,也就解了锁,这是快捷方式。此时如果想锁定图层 0 给它加一把锁,那就是黑锁。也就是说移动、绘画都不行了,这些就是图层面版上的基本操作方法。

在这里有个要注意的问题,图层副本是无锁定的,可以给它做很多效果。如果给图层副本加上锁定,那么图层的混合模式、不透明度和填充都会变成不可用的白字状态,这些选项是不能用在锁定图层的,如图 79 所示。

（9）图层面版里的图层组

接下来我们再说说图层面版中的图层组。我们在使用电脑管理文件的时候，经常会使用文件夹将文件进行归纳整理，这里我们就讲一讲图层面版里的文件夹，比如我们要制作一个比较复杂的图形文件的时候，往往会产生非常多的图层，为了便于管理，我们将图层设置为一个一个的组，然后把它们归纳整理放在一起，这样就可以在图层面版中很快地找到自己需要的图层。而且这样做管理起来很容易，下面我们就来看看图层组的使用方法。

图 79

在图层面版的下方小图标中单击创建新组 图标，可以产生一个图层组，我们可以将要归纳的图层拉入该组，在图层面版上组里的图层和组外的图层是有距离、有区别的，而且可以看到在图层组的左边有一个向下的小三角形，单击它就可以收起这个组里的图层，而且三角形就向右边显示，这样再看图层面版就感觉非常的清爽，这也是图层组的优越之处，如图 80 所示。

有的同学会说，这么多的图层建组的话一个一个的往里拖显然很麻烦，其实我们可以将要合组的图层借助 Shift 键和 Ctrl 键一起选中，然后点击图层面版右上角的选择按钮，从下拉出的菜单里找到"从图层新建组"点击，在弹出的对话框里给组命名一个名称，这个名称当然是标识图层组里的内容是什么，还可以给这个图层组选择一个颜色，单击〔确定〕，在图层面版上就可以看见刚才所选的那么多的图层都被归纳到同一个组里去了。而且还有颜色的显示，我们点一下图层组的小三角，就可以看见里面那么多的图层都在同一的颜色显示下，如图 81 所示。

图 80

图 81

在这个时候，我们也还是可以为图层组添加蒙版的，这样我们可以对组里面所有的图像按照一个图像来对待，比如擦除的操作等，如图 82 所示。

如果要删除这个组的话也很容易，可以将这个组拖到垃圾桶里即全部删除了。如果只想删除这个组而保留图层的话，可以在组上点击鼠标右键，在弹出的对话框里点"删除组"，就会有一个提示，问你是删除"组和内容"还是"仅组"？点击中间的"仅组"，就可以将组给删除而保留了图层不动。

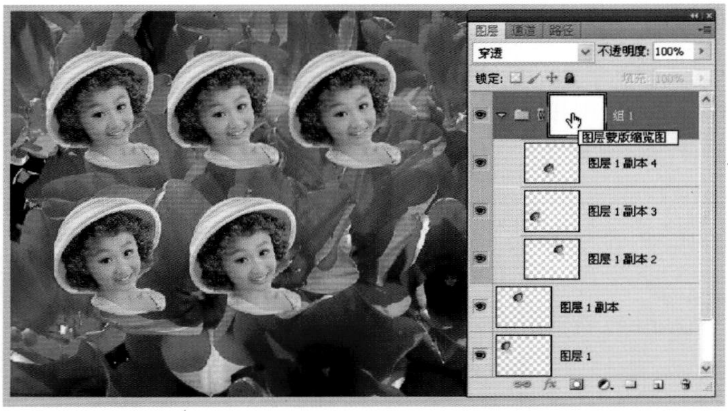

（10）关于盖印可见图层

有的同学会问：盖印图层是

图 82

什么意思？比如我们做好了一幅图片，里面有多个图层，为了保险起见，我们给它做个备份，按住键盘上的 Shift＋Ctrl＋Alt＋E 键，就会在图层面版的最上方出现了一个盖印可见图层，如图 83、图 84 所示。盖印可见图层就是把所有可见图层拼合后的效果"变成当前图层"并为〔蓝色〕显示。盖印功能和合并 PSD 差不多，所不同的是盖印操作后，之前的图层依然保留，方便以后继续编辑其中的某个图层，这个功能有点像历史记录面版中的快照功能。其实这样挺麻烦的，不如就存储一个 PSD 格式的文件再继续作图，所以这样的功能很少有人去用。

图 83

图 84

11 图层概念训练——《两个小馋猫》的制作

前面我们说过了图层的基础知识，这里做一个图层概念的训练。最终的目的就是掌握新建文件、魔棒抠图、编辑拷贝、编辑粘贴、作图层组、渐变图层等的应用。

①新建一个 1024×768 的白色文档作为背景层，并命名为《两个小馋猫》。

②打开水果蛋糕等食品的素材图片，要把这些素材图片都放置在背景层中。我们现在使用的是 Ps 的 CS-5 软件，可一次性将 20 张水果食品素材图片都在界面中打开，但在界面

中只显示一张,其他的图片都显示在属性栏的下方排列,点击右边的小三角可显示详细序号,如图85所示。下面的20张图片都要重复一种手续拖入到背景层中去。

A. 打开图片;

B. 双击图层,点确定解锁;

C. 魔棒点击白色背景处,容差20,选项栏中的〔连续〕有勾号;

D. 按 Delete 键删除白色背景;

E. 点菜单中选择——反选到水果选区;

F. 按编辑——拷贝;

G. 再切换到《两个小馋猫》原图;

图85

H. 按编辑——粘贴,再次切换到下一张图片重复上述的操作,直到20张图片都拖入到原图中去,完成这一步骤。

③用移动工具将20个图片图层移动到原图的四周,如果有大小的不同,可以用〔自由变换〕工具进行大小的缩放和变换方位。全部就位之后,由于图层太多无法照应,可以将这20个图层合并为一组,方法是点图层1〔激活为蓝色〕,再移动到图层20按住 Shift 键点击,就全选了这些图层,再在图层面版的右上角点小三角,在下拉出的子菜单中点选〔从图层新建组〕,设置一个名称为〔水果层〕,还可以设置一个醒目的颜色标志,如图86所示。

★上述方法只是一个图层概念的训练,还有一个简单的方法就是,激活背景层,点图标上的小眼睛,隐藏背景层,再合并可见图层。合并后再点回背景层的小眼睛。此时还可以再调节一下食品图层的明暗及饱和度。

④打开 PSD 格式的美女图片(这个图片是早已用 K2 抠图做好的,而且是链接好的),将该图设置在水果层的下面,用〔自由变换〕工具设置大小,如图87所示。

图86

图87

⑤点工具箱里的〔渐变工具〕,设前景色为品红色(颜色可以根据个人喜欢自定),背景色为白色,激活背景层为蓝色,再点击图层面版下方的〔创建新的图层〕图标建一个空白图层,将属性栏的渐变模式设为〔线性渐变〕(可以打开渐变编辑器选择从品红色到白色的渐变模式),然后按住鼠标从上至下拖出品红色到白色的渐变效果,如图88所示。做到这一步已基本完成。

⑥为了表示出"馋巴巴"的主题意思,打开一幅鹦鹉小鸟的素材图片,在工具箱的〔自定形状〕里点出自定形状工具,在里面找到〔水滴〕的形状,给小鸟做出两滴口水后合并图层,再用

前面拖图的方法拖入画面中,用〔自由变换〕工具改变图像大小放在合适的位置,如图 89 所示。

图 88

图 89

我们现在做好的这幅图片(从下到上)有背景层、渐变层、有两个链接的美女层、有 20 个水果食品合成的水果层和鹦鹉小鸟层,按视觉顺序不能颠倒,这只是一种比较简单的图层概念的训练方法。

12 智能对象的运用

智能对象是什么含义?在扩展的软件中还增加了智能滤镜的运用,但是在实际运用中智能滤镜的用处并不大,而智能对象却还是很有用处的。

在摄影图像的处理中,现在的图像绝大多数是位图图像,是以像素为基本单位的。现在打开一幅图像看看这样的操作效果,如图 90 所示。当我们将这幅图像用〔自由变换〕的方式缩小之后〔确认〕,那么也就对图片里的像素进行了固定,这是一种有损失的缩小操作。好!我们再把它重新放大到原来的大小尺寸看一看,按〔确定〕,可以看到现在的图像已经很模糊了,就在这一缩一放之间,图像就有了很大的损失。

如果我们引进了智能对象的话,如图 91 所示,情况就大不一样了。它的原理是:将这个图像文件放置

图 90

在另外一个文件中,在缩放的时候仅仅是在缩放它的副本。将它缩小之后,虽然看上去整个图像都进行了缩小运算,好像是有了损失,但是在重新放大之后,它还会从原来的那个文件中提取图像信息,从而就形成了无损的缩小再放大操作,这就是智能对象的运用而使图像进行无损的操作原理。

下面就看如何进行操作。在将要进行智能对象操作的图层上点击〔蓝色工作层〕,按右键,在弹出的菜单中找到"转换为智能对象"的选项单击它,这时就可以看到在图层面版的该图片图层上有了智能对象的这个图标(见图 92),此时我们再用〔自由变换〕的方式对图像进

行缩小操作时,这个自由变换的控制框和原来的控制框就有了不一样的改观。好,我们将它进行缩小操作后按〔确定〕,再按快捷键 Ctrl＋T 重新放大操作,按〔确定〕。可以看到这一缩一放之间图像并没有什么损失,这就是智能对象的实际运用方法。

图 91　　　　　　　　　　　　　　　　　　图 92

如果你用智能对象将图片放大到比原来的图片还要大的情况下,那它还是需要进行插值运算的,这个智能对象的表现也是力不从心的。我们按 Ctrl＋T〔自由变换〕试一下,将它运用智能对象进行再放大,会看见图像重新进行了运算有一些模糊状态,这是因为现在放大的尺寸比原始图像还要大,那么它就要进行重新的插值运算,这是智能对象也不能解决的问题。

13　剪贴蒙版的运用方法

这一节我们讲一下剪贴蒙版。前面的课程里在蒙版的使用方法中,我们曾经做过在图层上加蒙版,用画笔涂抹黑白灰的方法代表透明、不透明、半透明的这样一个图例,那是蒙版的使用方法,这里我们先讲创建剪贴蒙版。好! 下面我们开始做步骤,首先打开有着两个图层的图像。

①隐藏人像图层〔点小眼睛〕;

②单击选中背景层〔蓝色工作层〕;

③单击图层面版下方的 图标创建新图层〔空白透明层〕,如图 93 所示;

④用较软的画笔工具在花蕊中涂抹一部分,色彩可以任意选用,是涂在空白新图层上,就是要让上层的人像头部被约束在这个被涂抹过色彩的范围内,如图 94 所示;

⑤点击人像层让其显示出来〔点小眼睛〕,并让其成为选中的蓝色层;

⑥点击菜单中的图层——创建剪贴蒙版。也可以在人像图层〔蓝色〕点击右键,在下拉出的子菜单中选择〔创建剪贴蒙版〕,如图 95 所示。(如果要解除剪贴蒙版也一样操作,点释放剪贴蒙版就行了)

这里再多说一句,如果使用老版本的 Ps7.0 软件,可以点击〔图层〕—〔与前一图层编组〕也是可以的。

图 93   图 94

此时就可以看见上层的人像层就被约束在了这个被颜色涂抹过的范围〔透明层〕上了，这就是创建剪贴蒙版的方法，如图 96 所示。

按住 Alt 键点击边缘为快捷方法

图 95   图 96

在图层2上可以用画笔继续扩大显示区域也可用橡皮擦工具擦掉来缩小区域(软笔)

图 97

我们可以将下层〔透明层〕的颜色范围看作是一个蒙版，只要有颜色的地方（不管是什么颜色）都是以它的颜色范围作为透明度，（记住：把颜色看做是透明的地方）来映射或约束上面人像显示的范围。就仿佛下面颜色范围是一个相框，从相框里的范围去看上面的人像显示范围。我们用一个简单的词语来描述这种关系，叫做〔下形上色〕，下面的颜色作为外形，上面图层的颜色作为最终的颜色，这就是剪贴版的使用方法。

好！现在我们弄清了剪贴蒙版的创建和使用方法，但是感觉用菜单来创建剪贴蒙版有点不方便，而且关键问题是在后面有时感觉制作不到位时还要再修一下更不方便。这里有个简便的方法：按住 Alt 键用鼠标指向两个图层中间，可以看到有两个黑白分明的圆圈加一个箭头的图标，这就是创建剪贴蒙版的简便方法,单击可以取消蒙版,再单击可以再次创建蒙版,如图 96 中图层所示。

假如说我们将这个剪贴蒙版进行再次修理编辑的话,我们可以进入下层,点击有颜色涂抹过的透明层〔也就是剪贴蒙版层〕,使用颜色接着进行绘画,也可理解为接着扩大这个相框或有颜色的透明区域,看上去我们是在用画笔画下层的颜色,其实是在定义上层的要扩大的显示区域,这时也可以用橡皮擦擦去多余显示的颜色范围,在修理扩大颜色的过程中,我们还可以通过改变画笔的颜色来绘画这个层,也是一样的效果,如图 97 所示。

14 使用图层面版调整图层修图的方法

有的同学问到,在图层面版的下方也有一些调整项目是如何使用,和菜单里的调整有什么不同? 这一节我们就给大家讲解一下如何使用调整图层对图像的修改。它的好处就是每一样修理都是单独的带有蒙版的图层,比如亮度、对比度和颜色的处理。

我们打开一幅需要调节的图片《蓝天下的玉兰花》,看图层面版的下方有图标 ⬭,单击打开它的菜单,里面有各种各样的调整图片方案,它们就是用来建立调整层的,如图 98 所示。这些选项近似于菜单中的图像调整选项,但是这里的图像调整和菜单中的图像调整所不同的就是从这里建立的选项,它是一个单独的调整层。这幅图片高光部分略过一些,打开〔曲线〕调整对话框,在调整中将暗部层次锁定〔用固定点〕,只调整上部过亮的区域就遏制了花瓣的过曝部分,如图 99 所示。这样的一个步骤即留在了图层面版的调整层中。如果觉得蓝天的蓝色过于鲜艳,也可以打开色相饱和度进行调整,这一步也留在了图层面版上,如图 100 所示。后面如果觉得哪一步不妥,还可以双击图标重新打开,重新调整。这种调整层的调整方式也有人称为无损调整,比在菜单中去调整更为可靠和方便,如图 101 所示。

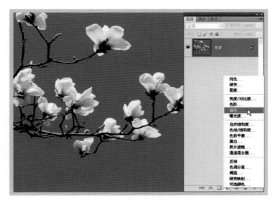

图 98

图 99

图 100

图 101

前面我们说了调整图层使用,这里调整图层的蒙版起什么作用呢？我们再举一个例子,打开这幅略微曝光不足的姑娘图片,单击里面的亮度/对比度选项,打开亮度/对比度对话框和打开菜单中的亮度/对比度对话框图像调整选项是一样的,它们所不同的是在图层面版上自动添加了一个链接的带有蒙版的调整图层,图片较暗在这里我们可以将图像根据要求调整的亮一点,按确定就进行了亮度/对比度的调整。此时我们再看图层面版上自动添加的一个链接的蒙版调整框,它的作用就是针对当前的调整层。对它的影响范围进行约束,我们可以用黑色的画笔在图片上还存在有高光的部分进行加深处理。当我们在进行涂抹的时候,图片上和蒙版上高光的部分就加深了。其实也就是在这个蒙版上进行绘画,这和我们前面学过的蒙版是一样的道理,按住 Alt 键点击蒙版就可以看见蒙版里的绘画笔迹,再点击就可以还原回来,如图 102 所示。

①原图按高光部分曝光,属于曝光正常,
但脸部较暗

②使用调整图层画面调亮,
但是高光部分过度

③用黑色画笔工具涂抹调整层的蒙版,就可以
将高光部分恢复到原来的正常状态

图 102

　　如果说的更为明白一些就是用黑色的画笔在蒙版上涂抹，将需要恢复的局部恢复到调整前的状态。所以说这个链接的蒙版对调整后的局部修理，局部恢复是很有用的。

　　如果还要进行其他方面的修改，可以再做其他的步骤，但是必须在图层面版的下方找到🚫图标并去点击它，但都是约束在这个单一的自动添加的图层蒙版中的。它们是可以叠加的不受影响的，如果还想做同一的亮度/对比度步骤也可以这样操作。

　　彩色的操作，如色相/饱和度的调整也是这样。如果我们将图层面版上自动添加的这个链接的蒙版调整框进行定义的话，这里的颜色是不受该调整层影响的。如果我们用黑色的画笔在高光部分涂抹加深的话，那么调整层是不受影响的，因为黑色的画笔涂抹的部分只是涂在了蒙版上。如果对前面的色相/饱和度的调整不满意，也可以再次调整，方法是双击图层面版上自动添加的链接的缩览图，对弹出的色相/饱和度对话框进行再次调整。

15 用CS-5给宏村图片换天空背景做倒影的方法

　　打开这幅在皖南黟县拍摄的宏村图片，这幅原片属于接片而来，图片天空死白一片，水面倒影亦同，上下的空白使构图有些呆板，但旅游的人群较多，有一种打破古村落宁静的喧闹气氛，使得画面有可点可用之处。我们给它换一个天空，也给水面增加一个天空的倒影，就会使这幅原本比较呆板的画面变成可点可赏的摄影作品。

　　①给原图片解锁，双击锁定的背景层，在打开的〔新建图层〕对话框中按〔确定〕即可解锁。

　　②用〔魔棒工具〕点击天空部分，注意属性选项栏中容差的大小〔约 20 左右〕，还要注意〔连续〕打上勾号（如果没有勾号，在魔棒选择中将会把画面中所有的相似于天空的白色部分都选中就会比较麻烦）。然后点菜单中的〔选择〕—〔反向〕，也可点快捷键 Shift＋Ctrl＋I 反选，就将选区反选到地面的建筑部分而不是天空，如图 103 所示。

图 103

图 104

　　★也许有的同学会说，既选择天空删除天空，为什么要反选到地面建筑呢？这是因为地面建筑包括了一些树枝树叶的部分，用魔棒做选区再删除是删不干净的。现在我们用的是

CS－5 的软件，里面有一个非常强势的功能，就是可以将杂乱的树枝树叶以外的天空部分的像素修理的很干净，使换上去的云层素材很真实地显示出来。

③在属性选项栏中点击〔调整边缘〕，在弹出的调整边缘对话框中点〔视图〕，再点〔背景图层〕，即可显示如图 104 所示的画面，天空已被很干净的删除了，〔背景图层〕上显示了"查看被选区蒙版的图层"字样。这个选项的原理就是使用了蒙版将天空去掉保留了地面。

★此时我们可以按住 Alt 键用鼠标的滚轮进行放大画面，细看树枝树叶部分还残留了一些天空的像素，用调整半径画笔将树梢部分的天空像素涂抹掉即可，再将调整边缘对话框中的〔输入〕部分里的〔净化颜色〕打上勾号，把百分比调到约 60% 即完成，按〔确定〕即关闭了调整边缘对话框。此时的天空即已呈现出棋盘格形式的透明部分，图层面版中自动添加了一个带有链接的蒙版图层，这就是 CS－5 的特色功能，如图 105 所示。

图 105

④下面要给图片添加云层素材，点击背景图层〔激活为蓝色〕，再点击菜单中的〔文件〕—〔置入〕，在置入对话框中找到云层素材文件夹的所在地，点击云层素材，再点击右下方的置入，即打开了云层素材并自动置入在背景图层〔已解锁为图层 0〕的上面，而且会自动生成为智能对象图层，如图 106 所示，此时再用自由变换工具将云层素材改变大小配置妥帖即可。

图 106

图 107

⑤给天空换背景已完成，下面要给水面做一个倒影。点云层所在图层〔激活为蓝色〕，并将它拖到图层面版的下方〔创建新图层〕图标上，为云层加一个副本，还要将这个副本拖置在所有图层的最上方如图 107 所示。接下来点菜单中的〔编辑〕—〔变换〕—〔垂直翻转〕，如图 108 所示，就将云层副本翻过来倒置显示了，再将图层面版上的不透明度设置在大约 50% 左右，用移动工具将云层副本移动到合适的倒影位置。

★用鼠标右键点击云层副本，在弹出的下拉菜单中点击〔栅格化图层〕，如图 109 所示，即去掉了智能对象。因为下面要用橡皮擦工具编辑，在智能对象中是无法进行擦除工作的。下面换用橡皮擦工具把倒影以外的像素全部擦掉，在擦除的过程中要注意倒影中房屋与云层的衔接部分用较软的笔刷细心的涂抹。这一步比较重要，擦不好会留下难看的边缘。

图 108　　　　　　　　　　　　　　图 109

⑥至此,天空与水面的倒影都已换好。如果要强调暮色的主题意境可以将地面的建筑部分做暗一些,切换到有蒙版的图片层(注意是图片层而不是蒙版层),用曲线工具下拉一点儿即可。最后合并全部图层完成本例制作。

★提示:在建筑部分的边缘有时会残留一些天空部分的白边,这是魔棒的容差大小造成的,可以在第二项的制作中考虑用菜单中的〔选择〕—〔修改〕,将选区向里收缩1-2个像素就可去掉房屋残留的白边。

16 图层样式的使用方法

　　图层样式:在打开的图层样式〔混合选项〕中,第一排即为图层样式,可以按右边的小三角追加很多的 Ps 中带来的样式效果。这些样式可以任选其一,在图层面版中都会显示其制作的每一步效果。这是很好的详细参考方法,如图 110 和图 111 所示。

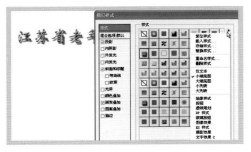
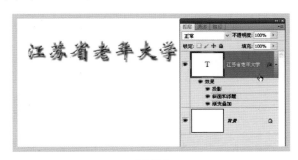

图 110　　　　　　　　　　　　　　图 111

下面要讲的都是〔混合选项〕的使用方法,可以理解为自定义的制作方法。

(1) 图层样式设置框的使用

　　下面我们就来学习图层样式的使用方法。图层样式的使用可以针对文字图层,也可以针对普通图层。现在我们针对文字图层讲一讲图层样式中的各个选项有些什么样的应用及操作方法。我们先建立一张带有文字的图像。点击图层面版下方的 ƒx 图标,就会弹出一个菜单,里面的各个选项就是今天我们要和大家说到的使用方法。先点击〔投影〕选项,如图 112 所示。在打开的〔图层样式〕设置框里,我们可以看到有很多选项操作,左边的〔样式〕和刚才的菜单几乎是差不多的,里面已经打上勾号的投影就是我们选择要操作的样式,见图 113。这时的图层样式设置框也就是一个默认值的状态,但是我们看到图像中的文字已经有了轻微的投影变化模样,现在就投影的选项看看设置框里的效果是如何应用的。

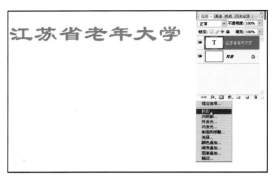

图 112

先看混合模式,一般来说使用文字投影都是用〔正片叠底〕的混合选项,在这里我们没有动它,是个默认的状态。这里的文字上层和投影下层可以很好地融合起来,不会出现很难看的杂边。

右边的一个小方框是色彩的选项,现在的投影是黑色,我们可以改变它的投影颜色,点击它就可以打开它的选项,我们根据现有的红色字体给它设置一个带有红色的稍暗一些的色彩,一般来说如果我们想要做一个带有玲珑剔透的效果就给它设置一个相似的颜色做投影,那么看上去就好像是光线透过了它照射在下面一样,这是使用相似色制作投影的方法。

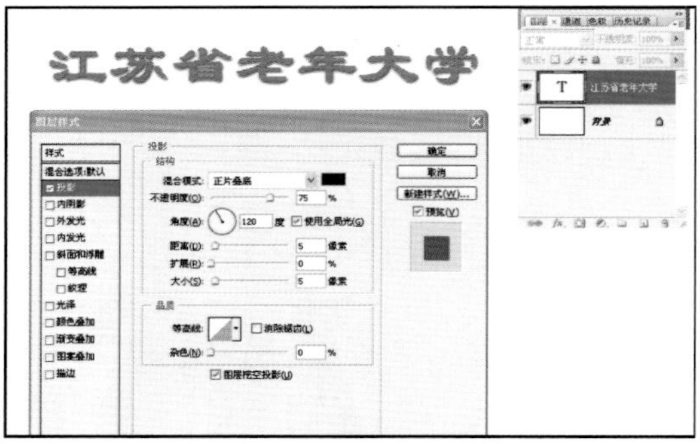

图 113

我们再看这里的不透明度,现在 75％的不透明度也是打开图层样式设置框的一个默认值,它是指投影的不透明度,这里如果想给这个投影变得更透明一些可以设置的低一些,用鼠标按住小滑块向左就可以调低一些,在右边的〔预览〕下面有一个样式可以参考,也可以在画面中直接看到图像的设置效果,当然要将预览打上勾号。

角度是指光线照射过来的角度,现在的这条线指向左上角就相当于在左上方有一盏灯射来的光线,使投影产生在右下角。我们可以用鼠标来按住它移动它的照射方向,也可以在旁边的小方框里输入数字指示它用多少度的方向。使用〔全局光〕是指当我们使用多种图层样式的时候,它们的角度都设为一致,除非是特定情况下的设置,一般来说默认的勾号我们都不要动它。

距离的意思就是投影和主体文字的距离,以像素为单位,当将它调大的时候,投影和文字就产生了很大的距离,如果不是特殊的用法,一般也不宜调得过大。

再看〔扩展〕,扩展的选项如果调得过大,可以看到阴影会向四周放射扩大,如果扩展太大的话投影的感觉就会失真,在投影中失真的结果肯定是我们不想要的,所以一般情况下这个选项的值都不能过大。

〔大小〕的选项是指投影的模糊程度,也是以像素为单位的,调大之后投影就变得模糊,类似于散射光源照射出来的结果,这个选项我们使用的比较多,平常为了使文字有突出和立体的效果常会使用到它。

下面一个大方框为品质,我们先看〔等高线〕,等高线是投影的各种效果设置,如图 114 所示。旁边的小三角是 Ps 为我们准备好的一些等高线效果，不同的等高线有不同的投影样式，打开它可以为投影找到你需要的样式，如果里面的样式还不能满足于你的设计要求，你可以自己设置等高线的效果，比如单击等高线的小方框就会弹出等高线曲线设计框，在里面你可以拉动曲线设计出更理想的投影效果，如果觉得很好还可以将它载入存储起来，如图 115 所示。

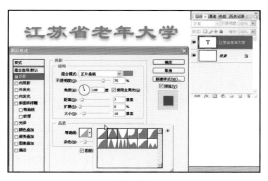
图 114

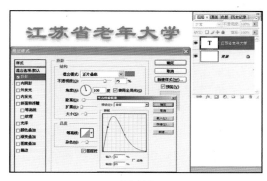
图 115

好！我们还是把它返回到线性投影效果，那么〔杂色〕的意思就是可以为投影添加一些类似于麻点状态的粗颗粒似的杂色效果，添加少量的杂色会显得比较真实，而百分比越大，杂色效果会越粗越清晰，所以在进行此项操作的时候，要视效果适可而止。

再看最后一个〔图层挖空投影〕，它的解释为"填充为透明时，用于使阴影变暗"，我们将它打上勾号再点击〔确定〕试一下，此时已去掉了图层样式设置框，在图层面版中将〔填充〕的不透明度减低到 0 状态，此时在图层中文字的像素已完全透明，双击图层面版中该图层下的样式投影，见图 116，这时又将图层样式设置框打开，把〔图层挖空投影〕前面的勾号去掉，这样一来，我们看到在画面上文字图层的像素已完全被去掉了，只留下投影的模样。这就是〔图层挖空投影〕的选项含义，如图 117 所示。这里有的同学也许要说，以这样繁琐的步骤来达到这样的效果，不如就用文字模糊一下，添点杂色就可以了。何必这样曲折来回神神秘秘的？这主要是为了讲解一种选项的使用方法，这样的方法一般不太用。

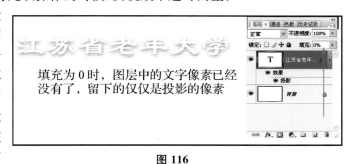
填充为 0 时，图层中的文字像素已经没有了，留下的仅仅是投影的像素
图 116

图 117

（2）图层样式中的内阴影样式

好！我们将所有的设置都返回来，再来看一下图层样式中的〔内阴影〕选项的操作方法。在打开的图层样式设置框中将投影的勾号去掉，再将内阴影打上勾号。

内阴影中的文字类似于将当前的图层作为一个凹陷的形式，将它挖空的状态，相似于光线从外面照到内部出现投影的效果。这就好比在刻印章的时候将文字刻在一块石材上掏空的状态,出现光线向内部照射的投影方式。

内阴影的各项设置几乎和投影是相似的,只是改变了原来的〔扩展〕为〔阻塞〕,如图 118 所示。阻塞的百分比大小其实就是软与硬的设置,一般地说,设置的较少比较柔和会感觉好一些。内阴影的实际应用在文字修饰上用的还是比较多的,而在摄影图片的修饰上很难用到,有时在对摄影图片中石山上要加上某些内容的话,一般用的都

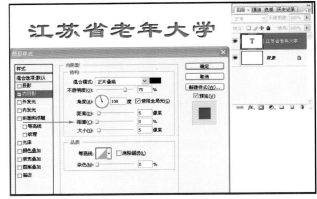

图 118

是枕状浮雕,仿佛是古人留下的笔墨,在后面我们会讲到。

(3)图层样式中的外发光和内发光样式

这一节我们再说一下图层样式中的〔外发光〕和〔内发光〕的选项。我们如果用前面所用的文字来解说,那么白底图片中的文字图层即使发光也很难有效果。我们先将背景按 Ctrl＋L,即反相操作变成黑底,此时的文字在黑底的映衬下显得格外清晰。下面我们来看看如何对文字层进行外发光和内发光的操作。首先使用文字图层〔所在蓝色工作层〕,在图层面版的下方图标中点击 **fx**,在弹出的菜单中找到外发光,点击即可打开图层样式设置框,这个设置框本身就有个默认值,所以点击外发光后打开就能看到画面的文字图层即有了外发光的效果。在这里我们关键是要看设置和应用。

〔混合模式〕设置为〔滤色〕是默认值,可以让文字的发光效果与下层的图像更好地融合。

〔不透明度〕这里是指外发光的不透明度。

〔杂色〕是添加一些麻点颗粒状在外发光的像素中。

〔颜色〕当然是指外发光的颜色,我们可以针对画面中文字的颜色来设置外发光的颜色,点击它就可以打开拾色器,在拾色器里寻找你中意的颜色,这是外发光颜色的设置方法。假如你想找到一个外发光效果的话,可以单击旁边的小圆点,也可以单击右边的小三角,里面有 Ps 本身的各种渐变效果,还可以双击渐变条在弹出的渐变编辑器里来设置外发光的效果,如图 119 所示。我们在渐变工具中已说过这样的方法,这里就不再赘述了。

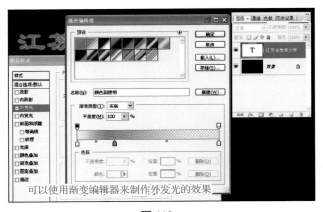

可以使用渐变编辑器来制作外发光的效果

图 119

〔方法〕的选项,这里的选项分为〔柔和〕和〔精确〕两种,它们的改变可以使发光的外形是精确的还是柔和的,柔和的感觉窄一点,精确的宽一点。这要我们自己根据需要去选择。

〔扩展〕的使用方法可以改变外发光边缘的坚硬程度,扩展越低外发光越软,而扩展越高就越坚挺。这也是一个视制作者的需要来自定的一种选项,我们这儿讲的只是使用方法。

〔大小〕的选项在前面的投影中就说过，是一种软化的效果设置，但是在这里略有不同的是当它的像素设置为 0，就什么样的外发光都没有了。而像素设置得越高就越显得向外扩张的越多。

〔等高线〕的设置和前面的投影基本上没有什么变化，视需要来挑选等高线的外形效果，因为艺术上的审美，个人设计的需要都是不同的，这里仅仅是介绍操作方法。

〔范围〕和〔抖动〕的选项，范围的数值以百分比来显示，是越小越多越坚挺，而百分比是越高越少越柔和，我们在制作中可以自己来调一调。

〔内发光〕的操作运用，可用简便的方法在样式设置框里单击内发光，将外发光去除。这个内发光和外发光的运用基本上是差不多的，内外发光的不同之处是外发光是在文字之外，而内发光是在文字之内。

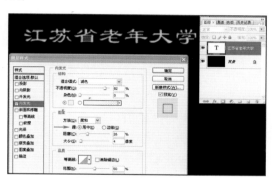

图 120
内发光居中的效果

在选项中多了一个〔源〕的模式，有〔居中〕，还有〔边缘〕，它是指这个文字的发光是从中心向周围发光，还是从边缘向中心发光，我们可以把它们进行测试一下，如图 120 所示。居中的效果是由文字中心向外扩展，是里面亮边缘深的效果。边缘的效果就是光源由外向内部照射这样一个形式，是中间深，外面淡的效果，如图 121 所示。

说来说去，这些都是文字效果的运用，我们学摄影的学习这个会觉得比较枯燥。如果把这种方法运用到摄影图片上去会怎样呢？比如我们打开这幅逆光下的小品，背景为一扇窗户，使用的颜色和主体的颜色相似，令人感觉相得益彰，用《窗外一枝芽》来形容再好不过了，如图 122 所示。这样的图片就是用内发光的效果来做的。我们下面试一下。

图 121
内发光边缘的效果

①首先要复制一个副本，在背景层上是做不出来的。

②右键点击图层面版下方的 **fx** 图标弹出菜单，在菜单里选择内发光，弹出"图层样式"对话框。在对话框里首先点击〔颜色〕，弹出拾色器，在拾色器中点选和主体绿叶上相似的颜色作为制作的颜色，按〔确定〕即可得到样式中的颜色。

③"图案"一栏中的〔方法〕选择默认的〔柔和〕，〔源〕设为〔边缘〕，大小暂时设为 100 像素，打开〔等高线编辑器〕，将弹出的〔曲线〕调节框拉出一个来（这是设置窗框边缘的形状，形状好看与否、清晰与否就在于这里的线条设置，可以多试一试），觉得可以了就按〔确定〕。

图 122
《窗外一枝芽》 内发光制作效果

41

④最后根据整体效果还可以动一动颜色，〔图案〕中的大小设置，因为这两个设置是比较重要的。最后的设置效果如图123所示，完成后合并图层即可。

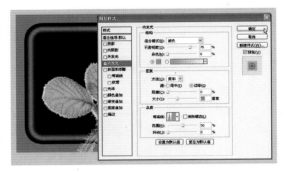

图 123

（4）图层样式中的斜面和浮雕样式

我们还是使用这张画面的文本，选择文本图层，在图层面版下方单击添加图层样式 *fx* 图标，再单击弹出菜单中的〔斜面和浮雕〕选项，在打开的图层样式设置框里就可以运用斜面和浮雕样式的操作了。此时的画面中文字图层上已经有了凸起来的文字效果，见图124。前面我们曾说过在打开的图层样式设置框里本身就有个默认值，只是看你点了哪个选项打开的，这里就是默认斜面和浮雕选项得到的结果。下面我们来看斜面和浮雕设置框里各种选项的运用方法。

我们先看〔样式〕，样式里还有几种样式的选择，现在的默认效果就是内斜面样式的应用，我们点击右边的小三角看到里面有很多种的选项，我们可以多换几种样式，看看它们都有什么不同的地方，有什么样的区别，以便在日后将它们很好的应用到摄影图片的制作中去。好！我们先看〔外斜面〕，可以看到这个外斜面就是处于文字的外边形成的斜面，仿佛是一种平板式的凸出在水平面之上。而〔内斜面〕则是制作在文字的内部形成的斜面，也仿佛是突出在水平面之上的一种凸状的效果。〔浮雕效果〕顾名思义就是类似于浮雕般的突出效果，而〔枕状浮雕〕就像在一块木板上向下刻出边缘而雕刻出来的效果，它的状态也可以

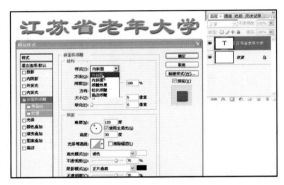

图 124

外斜面浮雕效果

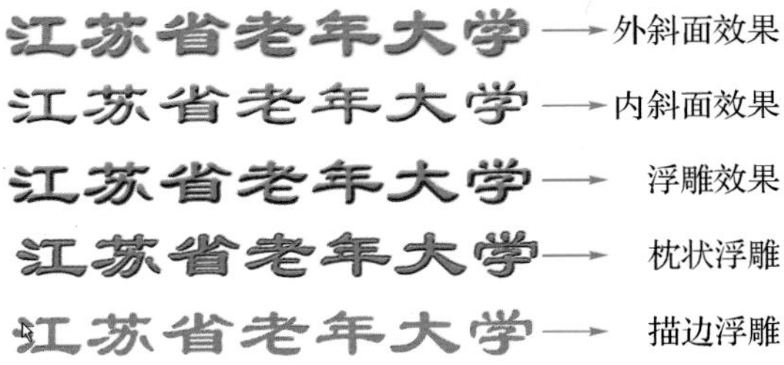

江苏省老年大学 → 外斜面效果
江苏省老年大学 → 内斜面效果
江苏省老年大学 → 浮雕效果
江苏省老年大学 → 枕状浮雕
江苏省老年大学 → 描边浮雕

图 125

是砖雕或石雕，这在摄影作品的使用中还是比较多的，我们在后面还会专门说到此项的运用。描边浮雕就是一种非常淡的描边效果，如果不经过设置几乎是看不出来的一种突出的描边效果，如图125所示。

好！我们还回到默认的内斜面效果，看看〔方法〕的应用效果，这里面有平滑、雕刻清晰、雕刻柔和三种选项，见图126。

〔平滑〕就是浮雕表面的平滑度，给人的感觉是比较柔和。

〔雕刻清晰〕给人的感觉仿佛刀削一般的模样，表面的像素和影纹很清晰，确实有一种留下刀痕的效果。这在配合枕状浮雕的时候用得比较多。

〔雕刻柔和〕和雕刻清晰很相似，不细看也看不出什么效果，只是在放大的时候和雕刻清晰对比时有比较柔和的感觉。当我们对图层文字效果看得不是很清晰的时候，也可以观看

预览下方的一个缩略图。

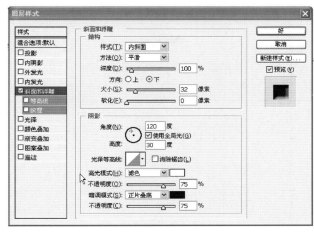

图 126

〔深度〕的选项对文字图层的浮雕效果影响是比较大的，既加深了文字的颜色，又加大了文字颜色的对比度，深度越高对比度就越强烈，深度百分比越低显示就越弱，看上去更加柔和一些，这和对比度有点相似。

〔方向〕则是指浮雕效果的感觉是向上还是向下，凸出或者是凹下，现在我们看到的是凸出的效果。我们可以测试一下它凹下的效果，单击向下的圆点，这时可以看到向下的效果有点和内阴影选项相似，仿佛是在平面的石材上刻出的一条沟，有凹下的感觉和光线照射的效果。

〔大小〕是以像素为单位的，像素少则给人的感觉是凹下去的比较浅，像素稍多一些则感觉比较深，但是像素过多了，这种斜面浮雕的效果就没有了，所以一般都控制在较少的像素上，而且从旁边的缩略图上也可以看到它凹下去的效果，也可以理解为它是调整浮雕深浅的。

〔软化〕是指雕刻边缘的软化程度，软化为 0，边缘就比较坚硬，而且看上去的清晰度也非常好，软化像素比较大就柔化了边缘。

下面再来看看〔阴影〕的选项，角度和我们前面说过的光照方向很相似，可以在旁边的方框里输入数字来改变方向，也可以直接用鼠标单击改变它的方向，这时方框里的数字也会跟着改变，这种方式为大多数人都在使用的方法。光照方向的改变，文字的直观效果也会有很大的变化，使用全局光的意思前面我们已经说过，就是要保持光源的一致性。

〔光泽等高线〕，这里的光泽等高线和前面所说的等高线效果基本上差不多，里面也有 Photoshop 给我们预置的很多等高线效果，也可以自定义设置。各种不同的光泽等高线对浮雕文字的直观效果会有不少的改观，这就需要耐心对它们的效果进行测试，如果我们是从事平面设计和广告设计的人员对这样的各种效果自然就应当要持有这份耐心。

〔高光模式〕，在我们做出斜面和浮雕的时候呢，在字体上会分有高光和暗调。高光模式里的各种选项和图层面版中的混合模式差不多，但是在这儿，高光模式我们可以设置，比如软一点或者硬一点。还有高光里的颜色，我们可以打开旁边的色盘，在里面吸取设置高光里显示的颜色，这里顺便说一句，设置什么样的颜色和本身的字体颜色的配置也很重要，审美方面视各人不同，是个未知数。我们这里说的是操作方法，比如我们在色盘里吸取了一个黄色，按确定，就可以看到画面中浮雕的字体里所映射的高光色就变成了淡淡的黄色。现在所用的〔滤色〕选项就可以很好地将所用的色彩和旁边的字体颜色进行颜色混合，而且还可以设置它的不透明度。

〔阴影模式〕的选项和高光模式也是差不多的，可以设置色彩，也可以设置不透明度。

〔斜面和浮雕〕的子选项，有〔等高线〕和〔纹理〕这两项，如果勾选了等高线，双击即可以进入专门的等高线设置框。

这个〔等高线〕设置框里还有等高线及范围的应用，这两项的应用和我们前面所讲的投影里的应用是一样的，可以在里面找到你中意的等高线浮雕效果，也可以自定义进行等高线的曲线设置,还可以存储。范围的应用和前面所讲的也基本一样,百分比越大越软,越小越硬越坚挺。

好!我们回到样式的选项,看看子选项里还有〔纹理〕的设置,去掉等高线,和上面的操作一样在纹理选项打上勾号,双击进入纹理设置框,图案是 Ps 为我们准备的各种图案来作为纹理设置在斜面和浮雕里的叠加图案。比如我们现在点击设置了某一个图案,再看画面中图层上的文字里就有了该图案淡淡的模样。

〔贴紧原点〕的意思,是将原点对齐图层或者是文档的左上角,以整个图像的左上角对齐的一个图案模式。

〔缩放〕的意思,是在图案纹理的设置情况下,顾名思义就是指将这个图案进行放大或是缩小我们可以用鼠标拉动小滑块测试一下它的显示效果,百分比较小时图案纹理在字体上显示的就比较多但是很小,百分比大时图案纹理在字体上显示的就少但是很大,感觉不到纹理的存在。在预览下面的缩略图中也有参考显示,实际的图案纹理显示还要根据画面中图像的像素大小来确定,这儿的操作方法不是一个绝对的显示,而是相对的一个操作运用方法。

〔深度〕则是指图案的密度显示。

〔反相〕就是指图案的反相处理,白的变黑,黑的变白,这个很好理解。

〔与图层链接〕是指现在设置的图案和图层是相互链接的,移动图层的时候,图案也会相应的进行移动。

下面就斜面和浮雕的设置运用方法,做一个枕状浮雕小实例。

小实例:字体做好后,混合模式——柔光,再做滤镜——画笔描边——喷溅,数据:20.5,如图 127 所示。

①   ②

图 127

(5) 图层样式中的光泽样式

本节讲图层样式中光泽样式设置框的运用。为了配合光泽样式的讲解,这里事先需要对图像进行一定的制作。好!我们新建这样一幅白底文件,再单击图层面版下方的〔新建图层〕按钮图标建立一个新图层,现在我们使用工具箱里的椭圆选框工具,按着 Shift 键,在新建的图层上画出一个正圆选区。好!下面使用渐变工具,在这里我们要设置渐变为黑白渐变。如果 Ps 自带的各种渐变图案里没有,还要自定义设置。双击渐变条,在弹出的渐变编辑器里编辑这个黑白渐变,将左边的黑色色标向右拉到大概 1/3 处,如图 128 所示。那么中间

的菱形小方块〔颜色中点〕将会自动移到右边的
2/3处。在原来的顶端地方点击再设置一个新
色标，这个新色标要给它填充颜色，我们在右边
的灰色2/3处用吸管点吸一下给顶端的这个新
色标就填充了原2/3处的灰色。这时我们就建
立了这样一个灰黑灰白的渐变条，单击确定去
掉了渐变编辑器。再在属性栏里点击"反相"，
我们要将它反过来使用，在选项里选中〔径向渐
变〕的模式，在画面中这个椭圆选区里，大概在
这个左上方的位置为起点向右下角拉一下，如
图129所示就得到了这个仿佛有光泽的圆球

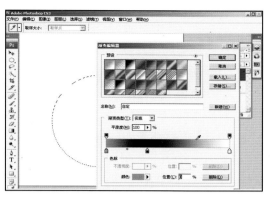

图 128

了。按Ctrl＋D取消选择，现在我们就可以对这个做好的圆球运用我们要学习的光泽样式
了，如图130所示。

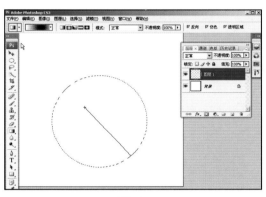

图 129

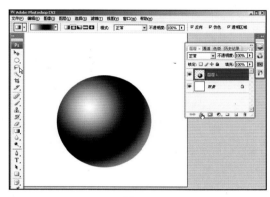

图 130

单击图层面版下方的〔添加图层样式〕图标，在菜单里找到〔光泽〕点击打开光泽样式设
置框，可以看到光泽样式设置框里的设置还是比较简单的，它分为混合模式、不透明度、角
度、距离、大小和等高线这样几个简单的选项模式，混合模式的〔正片叠底〕模式设置是打开
时的默认值，这儿就不要动它。

首先我们在这里设置〔不透明度〕，要说明的是这个不透明度在图层面版的使用中，打开
时是在最右边的100％模式上，越往左边拉越透明。而这里的不透明度打开时的默认值现在
是比较低的，越往右边拉它就越黑，可以看到当将它的百分比拉到较高的时候，整个圆球几
乎都变成了黑色。

在〔角度〕上，我们可以随意设置一个角度，比如设置在左上角的方向大概是130度，这样
的画面就又有了改变，然后再来设置〔距离〕，比如135像素，随着小滑块的拉动，这个圆球的
光泽就一直在改变着它的光泽模样，有点像绸缎的光泽一样。

再来看〔大小〕的选项，我们知道大小就是软硬的设置，在这里也一样，试一试就可以知
道，随着大小滑块的左右移动，我们可以看到改变的是它光泽的柔和程度。

设置〔等高线〕，我们知道等高线选项里有很多的等高线设置效果，不同的等高线就有不
同的等高线效果，我们可以尝试各种效果样式感觉一下。在这里刚说过的大小选项也可以
同时并用以求得更漂亮的光泽效果。当然我们也可以进行自定义设置，双击打开等高线编

辑器,在里面拉动曲线来设置理想的曲线效果。不管是想得到金属的光泽效果,还是绸缎的光泽效果,这都要花费一定的时间来进行测试以达到自己的理想效果。最后单击确定,即可得到自己想要的光泽样式效果。

另外,我们还可以给它设置颜色的光泽效果,在混合模式选项的旁边有一个色彩选择框,点击就可以打开〔选取光泽颜色〕的拾色器,在里面找到理想的颜色,比如我们设置一个暗红色的色彩,在画面的圆球上就有了红色的光泽,这就是光泽样式的设置方法。

(6) 图层样式中的颜色叠加样式

下面来熟悉一下图层样式中的叠加样式,在单击了图层面版下方的〔添加图层样式〕图标后,在下拉的菜单中可以看到叠加样式中有颜色叠加、渐变叠加、图案叠加三种叠加,这三种叠加样式大同小异。我们首先勾选颜色叠加,单击颜色叠加,在对话框中我们看到的选项是非常简单的,也只有两种混合模式和不透明度。现在我们打开旁边的颜色对话框,选择一种颜色,比如一种纯蓝色,将它叠加在我们画面中的红色字体上,也就是用颜色填充在原有的字体上,不透明度就是把叠加在原字体上填充的颜色进行不透明度的设置,如图 131 所示。

| 图 131 | 图 132 |

有的同学可能会说,在画面中我直接设置字体的颜色就可以了,为什么已经设置了颜色还要麻烦拿到这里来更改颜色呢?所以要说明这里是叠加颜色,是在原有的字体上覆盖了另一种颜色,我们用不透明度就可以看出它的效果,比如原字体是红色,我们给它叠加了蓝色,不透明度是 100%,随着不透明度的降低而逐渐改变了蓝色,到 50%时,它就混合了蓝色与红色的两种颜色,这是在混合模式〔正常〕情况下的颜色,如果改混合模式为〔滤色〕,那就是红与蓝的混合色为品红,如果把不透明度降低到 0 的话,就彻底地去掉了蓝色的不透明度,还原为原来的红色,这就是颜色叠加样式中混合模式配合了不透明度的使用方法,如图 132 所示。

(7) 图层样式中的渐变叠加样式

下面我们再讲一下图层样式中的〔渐变叠加〕方式。首先去掉〔颜色叠加〕选项,勾选渐变叠加选项,可以看到现在的渐变叠加对话框已经用了一个渐变默认值,图像中的文字已经有了渐变效果,我们可以在渐变条旁边的小三角里点击出多种的渐变叠加效果来替代这个默认的渐变,如图 133 所示。我们测试一下多种效果看一看。

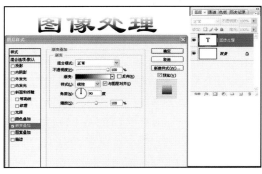

图 133

上面的〔混合模式〕选项和前面说过的颜色叠加是一致的,包括不透明度的使用方法也是一致的。〔样式〕里的多种选项我们在渐变工具一课中已说得很详细,想必大家应该有这个印象,在这里它们的用处还是蛮大的。比如线性渐变、径向渐变、对称渐变等,即便使用同一个渐变条都可以做出各种不同的渐变效果。我们试一下就知道。而且还可以通过预览下面的缩略图看到这种渐变的效果,如图134所示。

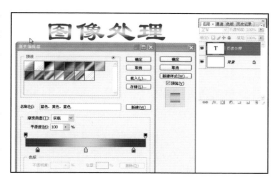

图 134

〔与图层对齐〕是指现在这个渐变与图层是对齐的,一般都打上勾号。

〔角度〕可以在下面的角度上进行设置,比如说先设置为线性。在这里设置角度的时候,可以看到线性渐变的色彩条会随着角度的变化而发生相应的变化。

〔缩放〕是指对渐变的缩放,从旁边的缩略图上可以清晰地看到缩放的效果。随着缩放大小的移动,渐变条的色彩会进行放大与缩小,这些就是渐变叠加的运用方法。

（8）图层样式中的图案叠加样式

下面讲一下图层样式中的〔图案叠加〕。首先在样式选项中去掉渐变叠加的勾号,给图案叠加打上勾号。顾名思义,图案叠加就是将图案叠加在当前打开的文字图层上,图案旁边的小三角里有很多 Ps 为我们准备的各种图案,我们可以选择任意的一种用于文字图案的装饰。

有个问题还是要说一下,缩放的使用,在浮雕样式中图案叠加在文字中如果缩放的过大,就没有明显的效果,这儿需要大家注意。

（9）图层样式中的描边样式

图层样式中的描边样式看上去非常简单,但是却非常实用,现在我们在打开的画面中为当前的文字图层使用颜色或者是图案进行描边。好！我们在 fx 图标的选项下找到样式的最后一个选项,描边样式的选项打开,其实在描边里的选项并不多,但我们还得说一下,现在在默认的情况下,描边样式已经为画面中的文字图层加了一个很漂亮的大红色的描边效果,我们可以点击打开〔颜色〕选项来修改颜色,在颜色里找到合适文字配置的色彩。

比如我们可以尝试一下制作的方法,点击白色作为描边的颜色,按确定。也许有的同学会说,我们的背景是白色的,用白色来描边还能看出效果吗？确实,现在的画面文字根本看不出已经描了边,其实这不要紧,我们可以为它再加一个投影的效果。好！我们在样式中给投影打上勾号,这时可以看到这个白色的描边就已经显现出来了,我们还可以为这个投影修改一下（注:如果设

图 135

置框还处在描边的选项,可以双击投影显出投影设置框)大小软硬,距离或不透明度,可以为它添加一点杂色,现在我们可以看到已经做出了一个非常简洁的文字描边样式,如图135所示。

好!我们还回到描边设置框,将投影勾号去掉,再设置〔填充类型〕的描边选项。在填充类型里有颜色、渐变与图案三种选项,刚才我们用了颜色,现在我们设置一下渐变来看一看效果。点击进入描边渐变选项可以看到文字和所描的边缘都处在一个渐变之中,现在还可以改变渐变条设置为其他的效果。我们试一下就可以看见各种类型的描边渐变效果。因为我们前面刚刚说过〔渐变叠加〕,这里还记忆犹新,但是我们前面说的是文字的渐变叠加,而这里说的是描边的渐变效果,虽然渐变的不一样,但是它们的设置基本上都是相似的。

在〔填充类型〕中还有〔图案〕的描边类型,也就是在所描的装饰边缘中使用了图案为填充内容,也会达到各种不同的装饰效果,其他设置的选项也和前面的基本相似,这儿就不多说了。

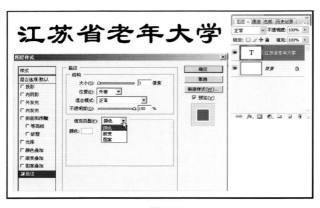

图 136

好!我们还是回到描边的〔颜色〕选项中来,再说一下其他的设置应用,如图 136 所示。

在〔结构〕中的第一个是〔大小〕,它是以像素为单位的,这儿的应用就是指所描边缘的粗细,比如我们设置为 1 个像素,可以看到画面中文字的边缘产生了一个极细的红色边缘,这就是按照 1 个像素的量来进行了描边。如果像素过大也不行,这只能是在很少的像素里进行描边。

好!我们再返回来看下面的选项,〔位置〕就是指描边的位置,它里面还有副选项比如外部、内部和居中的选择,现在进行的是在图层文字的〔外部〕描的边,如图137所示。它也可以设置〔内部〕进行内部描边,我们也可以试一下,点击内部,此时可以看见所描的红边描在了文字的内部,使文字感觉上变得很细,变得苗条了许多。我们还可以测试一下居中的描边效果,居中是沿着文字的边缘内外各占一半的描边方式,从文字上看,它比内部的描边选项要稍粗一些稍胖一点儿。我们再看不透明度,这里的不透明度当然是指描边的不透明度,比如我们将文字的边缘设计的大一些看看不透明度的效果,将

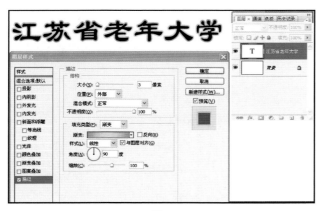

图 137

〔位置〕设置在外部,感觉所描的边缘显眼一些,此时我们再将不透明度降低一些,从而看出了这个不透明度的效果,将红色边缘降低会出现底色与所描边缘颜色的混合。

以上所讲就是描边样式的操作方法。在实际使用中这些手法还是能常常用到的,比如在玉兰花的这幅图片画面中用的就是底色字描白边,没有多余的颜色,如图138所示。黄山

的夕阳西下,画面中只有红与黑,字的用色就是夕阳的颜色再描上黑边,如图 139 所示。这里只是用法,运用到实际中还要看字体与所表现出的意境是否关联。

图 138

图 139

17 通道基础知识

说到通道,很多人把它看得很神秘,我们可以简单地来理解它,它就是存储颜色和选区的,一句话就可以概括它,所以不要把它看得很神秘。

在学习通道之前,我们来说明一个关于用〔黑和白〕表示的透明与不透明的问题。因为通道是 Ps 中一个非常重要的工具,如果我们利用通道就可以非常简单的制作出很复杂的选择区,比如要抠取出一个毛茸茸的动物,一只猫,一条狗,还有要抠取人的头发等等。当然我们也可以用其他的抠图方法去做到。但是使用通道这样的操作就可以简单的制作出来,还有要说明的是如果利用通道直接调整的话,会影响到画面的颜色,所以学习 Ps 制作一定要熟练地掌握利用通道来达到自己的操作目的。

现在我们需要明白这样一个概念,什么是透明的,什么是不透明的,透明的或不透明转换为深浅时我们应该怎样表示,如果透明的话,透明多少? 我们怎样使用深浅来表示透明的程度。我们现在看这张图,见图 140。左边是黑,我们可以用它表示透明,右边是白,用它表示不透明,那么从黑色到白色之间呢,是一个灰色的过渡,我们可以把倾向于黑色的灰(也叫深灰色)看做是比较透明的,把倾向于白色的灰(也叫浅灰色)看做是比较不透明的,如果达到纯白的话,就是完全的不透明,这种用黑白灰来表示透明的或不透明的或是半透明的方法我们要记住。

在前面我们学习的图层蒙版中,其

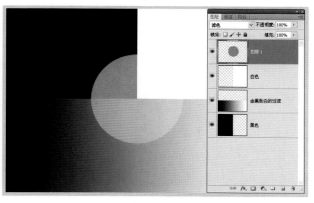

图 140

实已经运用了这个概念,我们在图层蒙版中用白色表示的是完全的不透明,用黑色表示的是完全的透明,用中间灰表示半透明。深灰和浅灰倾向于比较透明和比较不透明,明白了这个道理我们下面就来学习通道的基础知识。

刚才我们已经说了黑白灰之间也可以用透明、不透明与半透明的关系来解释。现在我们来做一个图,打开新建对话框新建一张图,大小随意,但一定要是 RGB 颜色的模式,背景内容是白色的,按〔确定〕,对这样一个白色的文件我们把它反相处理一下(可以在菜单中去反相处理,也可以按快捷键 Ctrl＋L),将白色转换为黑色。下面我们进入通道面版,在图层面版上点击通道即可,就显示了 RGB 和红绿蓝四个通道,第一个为 RGB 混合通道,在"色彩学"中我们学习过,R 为英语 Red 红色的第一个字母,G 为 Green 绿色的第一个字母,B 为 Blue 蓝色的第一个字母。RGB 就是简写为"红绿蓝"的混合通道,我们可以点击进入任意的一个红或绿或蓝的通道。但是现在我们不管进入哪一个通道,看见的都是一个完全黑色的文件,也没有任何的色彩显示,也就是说我们还没有给它们上任何颜色。

现在我们在红色的通道中用一个高硬度的白色的画笔,给这个文件画上一个白色的区域,前面我们说过白色是完全不透明的,又因为这是在红色的通道中画出的完全不透明的白色,那它就一定是完全红色的区域,如图 141 所示。我们按一下 RGB 混合通道看一下刚才画出来的结果,那肯定是一个完全的红色,可能有的同学会说,我明明用的是白色的画笔怎么会画出一个红色的色块呢,其实这就是通道的概念,红色通道画出的纯白色不透明区域就是纯红色的。

好! 我们再做一个进一步的说明,现在在红色的通道中用一个灰色的画笔再来画一画看看是什么结果,灰色在红色的通道中表现的就是灰色,但是切换到 RGB 通道中那肯定就是一个不完全的红色〔暗红色〕。

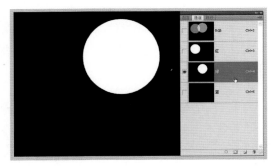

图 141

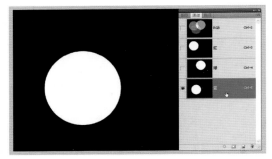

图 142

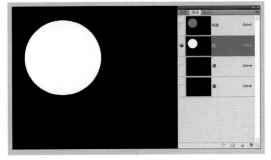

图 143

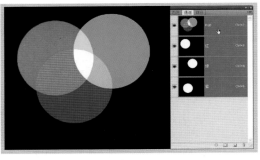

图 144

好！我们再用一个接近于黑色的深灰色画笔在红色通道中再画出一个深灰色的区域看看是什么样的结果，按 RGB 通道，这个红色就是更加暗淡的一点点红色了。

那么同样的道理，我们点击进入绿色通道，还是用纯白色的画笔再去画一个白色的区域，如图 142 所示。再点击回到 RGB 通道中去看看，其实和刚才的道理是一样的，纯白色的区域就变成了纯绿色的图案（因为是在绿色通道所绘），但是有的同学又注意到了，在红色与绿色搭界的地方出现了一块黄色的区域是什么意思呢？这就是一种颜色的混合。前面我们学过"色彩学"的同学就知道这是三原色三补色中的混合产物，黄色是补色，是原色红与绿混合的补色，见三原色等量混合图。

在这里我们再补充说明一点，色彩学中我们说过光与色的关系，有光就有色，光线强色彩明，光线弱色彩暗淡，哪怕是白色的物体，有红光照射它显示的就是红色，有绿光照射它显示的就是绿色，这就是光与色的原理。如果把红光和绿光同时照射在这个白色的物体上显示的就是它们的混合色——黄色。就像刚才我们在红色的通道中做了一块深灰色的色域是暗红色，就像没有什么光线似的也是这个道理。

好！现在我们切换到蓝色通道，就像刚才一样我们也用纯白色的画笔画出一块白色的区域，如图 143 所示。当然可以肯定它就是一块纯蓝色的区域，切换到 RGB 通道看一下，蓝色与绿色之间又混合出了一块青色，也是补色，蓝色与红色混合出的是一块品红色，这也是补色。这时同学们也注意到了红绿蓝三种原色之间出现了一块白色（即无色），这就是 RGB 通道，如图 144 所示。这也是我们在平常调整图片的时候用色阶，曲线的 RGB 通道来调整，调整的就是亮度与对比度，而颜色是不参与调整的，颜色只是随着亮度与对比度的变化而变化。这也说明了红绿蓝这三种原色光是所有色彩中最基础的光色。请记住：我们这里说的是等量的混合，如图 145 所示。

下面我们使用灰色的画笔在红绿蓝各个通道中随意的画一些粗线条，好！我们再点击RGB 通道看看最终的混合结果，哇！就是这些五颜六色，五彩缤纷的色彩堆积的结果了。这就是分别在三色的通道中用不同透明度的黑白灰绘制的混合效果，如图 146 所示。

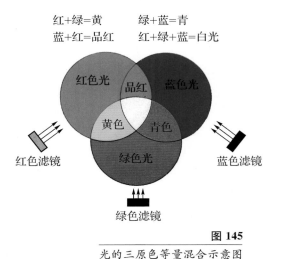

红+绿=黄　　绿+蓝=青
蓝+红=品红　　红+绿+蓝=白光

图 145

光的三原色等量混合示意图

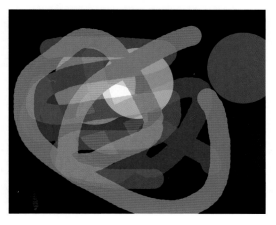

图 146

好！下面我们用一张花卉的图片再来解释一下，图片里有一朵大大的红花，如图 147 所示。我们用刚才所讲的理论想一想，在有红花的图片里，红色是占主导地位的，那么我们点击通道再进入红色通道里看一看是什么样的效果呢？当然，图片是明亮的，而且几乎接近于白色,如图 148 所示。而在绿色和蓝色的通道中红花的颜色就是深灰色接近于黑色。通过这些通道的显示我们就可以判断出哪个通道的区域比较亮的话,那么哪种颜色就在里面占有主导的地位,那么混合的结果该区域就一定偏向哪种颜色。

图 147

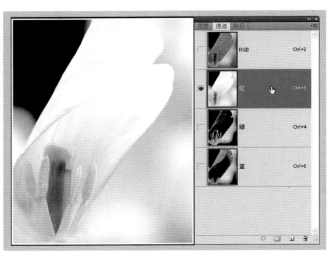

图 148

18 关于通道中的Alpha通道

　　我们还回到刚才建立的全黑的文件中来,下面讲一下阿尔法通道(Alpha 通道是用来存储选区的)。前面我们是使用黑白灰来表示颜色的数量,那么现在我们想用黑白灰来表达选择区是怎样做的呢? 我们来尝试一下,(确认在图层面版的通道中)首先我们用矩形选框工具在这个黑色的文件中建立一个矩形的选择区,然后我们在图层面版中按下 ◻ 图标,如图149 所示。(有选区图标显示为可用状态,没有选区显示为不可用状态)这一步就是将选择区存储为通道,这时就可以看见在图层面版的下面就有了这个 Alpha 1 通道。好,我们再按快捷键 Ctrl+D 取消选择,点击 Alpha 1 通道也就进入了这个 Alpha 1 通道,此时在画面中已没有了选区,只是在黑色的文件中有了一块白色的矩形选择区,如图 150 所示。也就是存储的这个选择区,用白色表示被选择的区域,用黑色表示未被选择的区域,假如我们用黑色的画笔在被选择的区域画面中进一步编辑的话(划出一些线条色块),其实也就是在编辑一个选择区,也就是说 Alpha 通道存储的就是一个选择区,并且我们还可以利用后续的动作对这个选择区进一步的操作,可以利用通道画出十分复杂的选择区。

　　在用黑色画笔涂画完成之后(也就是编辑完成之后),我们点击图层面版下方的 ◯ 按钮〔将通道作为选区载入〕,这时可以看见画面上刚才我们涂画的选区已经被编辑过了,这样的一种编辑选区的方式要比使用快速蒙版方便许多,这就是我们推荐使用的 Alpha 类型的通道。

那么具体到图片中我们怎么做呢？只要记住：白色是被选择的部分，黑色是不被选择的部分，也是透明的部分。下面我们再来做一个抠取人物头发的范例来说明这一点。

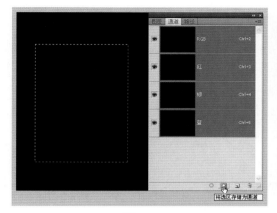

图 149

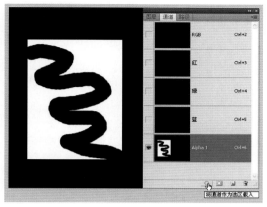

图 150

19 利用通道抠取头发的操作-1

前面我们说了通道的基本原理，黑色表示透明，白色表示不透明，灰色表示半透明，下面我们要做的范例就是将人物细碎的头发利用通道加蒙版抠取出来，使用的就是黑与白的效果。这是一个比较简单的范例，目的就是为后面比较复杂的抠取头发作一个铺垫。

①打开这幅人像图片，在图层面版点击通道，打开通道面版，将绿色通道按住拖到下面〔创建新通道〕图标上创建一个绿色通道副本。

②按快捷键 Ctrl＋L＋L，将这个绿副本作"反相"处理，也可以在菜单中点击〔图像〕→〔调整〕→〔反相〕，这个绿副本就如同底片一样呈现，如图 151 所示。

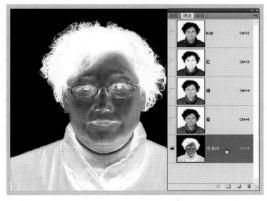

图 151

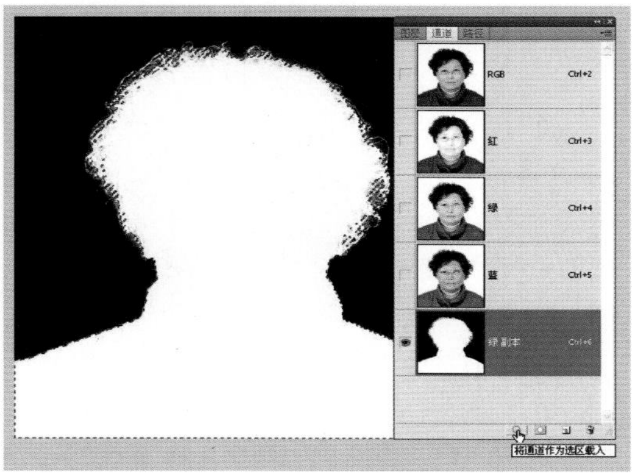

图 152

③现在根据通道原理，黑色表示透明，白色表示被选择的部分，我们用画笔工具将人物

涂成白色。我们先用快速选择工具将下面部分选中,设前景色为白色,用较软的画笔进行涂抹,涂完选区之后按 Ctrl＋D 将选区去掉,再在头发部分涂抹,不要涂到发梢部分。涂好后点击图层面版下方的〔将通道作为选区载入〕图标,画面即有了已经是黑白分明的蚁形线选区,如图 152 所示。

④点击〔图层〕回到图层面版,双击背景图层,在弹出的对话框中按〔确定〕即为其解锁成为图层 0,如图 153 所示,然后在图层面版的下方点击〔添加图层蒙版〕图标,就将通道的选区蒙版显示在蒙版图标上了,如图 154 所示。

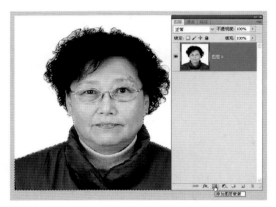

图 153   图 154

⑤到此,人物的抠发动作已经完成,作为一张证件照片要给它加上一个背景底色,一般都是添加一个红色或蓝色。点击图层面版下方的〔创建新图层〕图标,添加一个空白的图层 1,并把图层 1 拖到人物图层的下方作为衬底色,这样,人物在上衬底在下。下面再点击前景色盘,在弹出的拾色器中为图片选择一个红色或蓝色衬底颜色,再按快捷键 Alt＋Delete 将这个选中的颜色填充在空白的图层 1 上,这时,有着颜色衬底的证件照已基本形成,如图 155 所示。

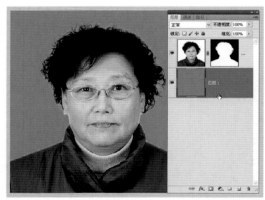
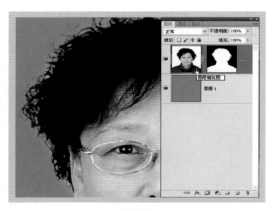

图 155   图 156

⑥剩下的事情就是发梢部分并不太理想,这是魔棒选择留下的锯齿边缘。我们再做一步,将图片放大一些,将工作层切换到人物缩览图上(不要在蒙版上),如图 156 所示。使用画笔工具按住 Alt 键〔画笔会变成吸管模样〕在发梢部分点一下鼠标左键即吸取了发梢部分的黑颜色,然后在发梢部分用画笔工具细心的涂一下。注意只在发梢部分涂,不要反复涂,因为是黑色画笔,只涂发梢的锯齿状的白边就会将难看的白色锯齿状消除。

⑦最后一步，用右键点蒙版缩览图，在弹出的菜单中点击〔应用图层蒙版〕，即应用而且去掉了图层蒙版，如果觉得衣服边缘部分还有白色的锯齿边，这时可以用橡皮擦工具擦拭即可。最后合并图层即完成抠取头发的制作。如果觉得以后还要想换其他的颜色背景，就在合并前先保留存储一个 PSD 格式的文件，以后就可以随心所欲的换其他颜色的背景了，如图 157 所示。

图 157

20 利用通道抠取头发的操作－2

前面我们已经做了一例比较简单的抠取头发的操作，由于散乱的头发比较少，抠取相对比较容易一些，但是手法是相同的。当然在后面的抠图操作中我们还要学习其他的抠图技巧，比如抽出抠图法，还有 K2 外挂滤镜的抠图手法也是非常好的，但是再好的软件也不能百分百的抠取任何图片，所以我们学习了更多的操作手法就能应对任何图片。

抠取头发看上去是一项非常复杂的技术，其实当你掌握了这里面的技术原理，它就变得非常简单了，比如我们看当前的这一幅图像。在图 158 中，姑娘在微风中飘逸的头发十分的分散，如果我们使用传统的套索工具一根一根地将它们套出来，要浪费相当的

图 158

时间,而且就是抠出来,头发的质量效果也是有带白边的锯齿状态,非常难看。

我们可以使用通道的几个要点入手,来练习这项抠图技术。先单击通道,为了看得更清晰一些,我们将图层面版中的调版选项放得更大一些。按图层面版中右上角的小三角→〔调版选项〕,由于姑娘的肤色比较偏向于红色,所以在红色通道里,我们看到的就比较亮一些,而在蓝绿通道里就比较暗一些。由于头发近似于黑色,所以在三个通道里显示的都是比较深的黑色,但是我们还可以观察到头发从里到外也不绝对都是黑颜色,我们分别从红绿蓝三个通道里去观察一下.选择一个头发细节比较完整的通道。

红色——➤发丝的表现还是比较不错的,主要表现在发梢部分。

绿色——➤虽然暗了一些,但是比较红色通道的细节更为丰富,如图 159 所示。

蓝色——➤也还是不错的,但是比绿色通道稍差一些,特别是发梢的细节部分。

图 159　　　　　　　　　　　　　　　图 160

所以看这三个通道的比较,绿色通道所表现的细节部分更为丰富一些,好！既然绿色通道的表现更丰富,我们就从绿色通道来入手,将绿色通道中的图片复制一份,将它拉到图层面版的下方█图标上松开鼠标即可复制了一份绿色通道副本,如图 160 所示。

原理:为什么要复制一份呢？我们在前面的通道基础知识上就讲到过红绿蓝三个通道,我们如果修改其中任何一个通道的话,都会影响到最后的混合结果,而我们要制作的是选择区〔头发的选择区〕,因此我们不能在红绿蓝这样的颜色混合通道的任何一个通道上去做颜色的操作,都会影响到最终的颜色混合结果。而是要将这个刚刚挑选出来的绿色通道复制出来,形成一个副本,也就是说我们要用它来做选择区的,它和前面的几个通道性质是完全不同的,它不参与颜色的运算,这就是为什么要复制一份副本的原因。

下一步我们想要得到头发部分的选择区,我们再回忆一下前面学的基础知识,在 Alpha 类型的通道中表示:白色是要被选择的部分,黑色是表示不被选择的部分,画面中的头发是黑色的,我们想要让它成为选择区的话就需要将它变成白色,而背景是一个天空接近于白色的浅灰色,我们不想让背景也被抠出来,这就需要将背景变成纯黑色,那么怎样将白的变黑,黑的变白呢？当然很简单,我们按 Ctrl＋L,也就是反相操作(也可以在菜单里去操作),这样的反相操作就达到了我们的需求,如图 161 所示。

图 161

图 162

这时的画面背景部分黑的不够,我们的目的不仅是要抠出那些黑色的头发,还要抠出那些半透明的发梢以及一根一根的发丝,我们不需要后面的背景,这就需要我们用调色的功能把背景部分变成纯黑,同时提高头发的亮度。

下面我们用一个调色的技巧把背景变为纯黑,而将头发保留下来。我们可以使用菜单里的图像→调整→色阶,打开色阶对话框,在这里我们需要观察头发的细节部分以免调节的时候会出现细部的损失过大,或者出现锯齿现象。首先在对话框里调节黑场,将左边黑色的滑块向右移动一些,移到这个直方图中很高的山峰这里,我们再看背景就变得暗一些了,但是背景暗多了,发梢的部分会有些损失。我们还可以将中间的灰场滑块向左移动一些。这样的调节就需要我们对图像有一个确切的认识,你认为发梢部分感觉可以就行,也就是调节到我们认为尽可能多一些的细节为好,同时也将背景变得比较暗,两方面的参数都要照顾好,单击确定就做好了这一步,如图 162 所示。

这时在图像的某个部分〔左边〕还会有一些不是很暗的区域,我们还可以再进一步的对这个绿副本的通道进行修饰,可以使用加深减淡工具组里的加深工具,加深工具有三个选项范围阴影,中间调,高光。我们可以运用阴影选项对黑色背景部分进行加深操作,因为阴影加深工具对亮的发梢部分影响不是很大,所以这个工具很适合这样的操作。我们将选项栏的曝光度降低一些,这样可以更好的控制笔刷的加深效果,可以得到更好的运算结果。慢慢地单击来观察效果,如果修坏了的话,可以使用后退的步骤返回重修。操作之后我们可以看见背景变得更黑,发梢的细节部分被很好地保留下来,这是加深工具使用阴影选项操作的结果,这样的操作就很快地将头发作为白色的选择区,黑色的不做选择区很好的区别出来了。

以上这一段操作要说明以下,要视图片的不同来决定,如果本身图片黑白反相很好,就不必再做。

点击使用多边形套索工具将人体内部构选出来,因为我们需要将人体内部填充为白色〔选择区〕,至于发梢部分,它是白色的可以不用管它。构选好了选区,下一步就要用白色填充。填充前景色按 Alt+Delete 键,这是要留下选区的白色部分,再按 Ctrl+D 取消选择。由于选择区的边缘没有羽化出现了比较生硬的边缘部分,可以用较软的白画笔在硬边缘上修饰一下,来做出这样的黑白分明的选择区,如图 163 所示。

图 163

图 164

下一步按下图层面版上的 ○ 图标〔将通道作为选区载入〕，就是将制作的这个绿色通道的副本转化为了有蚁形线的选区了。

我们再点击图层面版上的〔图层〕，回到图层上来（注：要先设置图层 0），就是解锁，如图 164 所示。再单击图层面版下方的 ▢ 图标，就是单击添加图层蒙版，这时在画面上可以看到这个图像的背景就变成了灰白相间的透明图层了，也就是说，图像已被抠了出来，如图 165 所示。前面我们所做的将通道转化为蒙版的操作是十分实用的，所以我们要记住怎样将通道转化为蒙版，它是使用选择区作为一个桥梁进行转化的。

图 165

好！下面我们使用移动工具将这个人物拖到一个背景图片素材上〔合成〕来测试一下，这时我们会发现在这个背景上头发有些细节部分并不是十分好看或显眼，这是因为人物的发梢部分放置在原来的背景上会很好地和原来的背景融合。如果拖到了其他的背景上，发梢部分会有些色彩的不融合，会出现很难看的锯齿，这是很正常的现象，我们可以根据这个现象再去进行修理一下。

点击画笔工具，然后按住 Alt 键用吸管去吸取发梢部分一个比较暗的颜色进入图层，记住：千万不要在图像蒙版上操作，而是在图像上，图像上是有外框显示的，如图 166 所示。使用画笔工具在发梢部分进行涂抹绘画，可以看见经过我们的涂擦，发梢部分也显示出来很多，这就是在不同的背景下的解决方法。还有如果图像的边缘部分出现了断层现象（图像大小的问题），可以将图层面版上的操作转到蒙版上，点击蒙版即可。用软一些的黑色画笔，（也可降低笔刷的不透明度）将边缘部分的发梢细细的抹去即可。这样发梢部分和背景部分就较好的融合了。

图 166

这就是使用通道抠出头发的方法,通过这个小实例,希望大家记住,在 Alpha 通道中,白色是我们所要抠出留下来的部分,黑色是我们不需要的部分。而灰色表示的是将来抠出的地方变成半透明的部分。就像刚才做过的小实例中假如说出现抠出的头发和背景融合不好的情况,我们可以利用画笔工具在图层上吸取相似色进行涂抹的方法,从而使它和背景更好的融合。

21 〔色彩范围〕在图片中的使用方法 -1 ——《扇面题字》的制作

琴棋书画总是能够怡情养性,如果喜欢书法,在挥毫泼墨的闲暇之时,将自己的书法作品翻拍或扫描到计算机中,收藏一份电子版也是不错的选择。如果您恰好收藏了一幅扇面画,还可以将书法作品与扇面合成。下面我们来介绍具体的操作方法。

操作要点。在 Ps 中打开书法作品和扇面画,使用色彩范围命令选中书法作品中的文字,并将文字复制、粘贴到扇面上,使用切变滤镜和透视变形调整形状,将通道与选定范围结合应用,创建文字与扇面画相融合的效果。

①打开扇面和书法的两幅图片文件,如图 167、图 168 所示。选择书法作品,按菜单中的〔选择〕→〔色彩范围〕命令,打开色彩范围对话框,将鼠标指向文字上的黑色单击,就确认了选中黑色文字,在书法文字的画面中就有了选中的蚁形线在闪动。

图 167

图 168

在〔色彩范围〕对话框的使用中,关键要看你选择什么内容,复制什么内容。比如这幅书法作品,画面上只有黑与白,那么它的〔颜色容差〕就可以调的低一些。如果选取的容差比较高,相似的颜色就会选取的比较多,如图 169 所示。

图 169

②按菜单中的〔编辑〕→〔拷贝〕命令,再切换到扇面图像中按〔编辑〕→〔粘贴〕命令,就将选中的黑色文字粘贴到了扇面图像中去了。如果文字和扇面的大小有差别可用〔自由变换〕工具来调节,如图 170 所示。

③按菜单中的〔图像〕→〔旋转画布〕→〔90 度逆时针〕命令,将画面变成侧面形式,再按菜

单中的〔滤镜〕→〔扭曲〕→〔切变〕命令,打开切
变命令对话框,在对话框的画面里可以看见文
字的形状,这种形状是上一次的操作显示,如果
不需要可以按默认恢复,再进行设置变形操作,
上下的点和中间的点都可以定位,主要观察透
明图层中的文字变形。如果满意就按〔好〕确认
变形操作,再按菜单中的〔图像〕→〔旋转画布〕

图 170

→〔90 度顺时针〕命令,将画面返回成正面形式,这一步的操作目的都是为了使文字变形到与
扇面的弧形吻合,如图 171 所示。

　　④为了更好地将文字图像与扇面图像吻合,还可以再进行一次变形调整,按菜单中的
〔编辑〕→〔变换〕→〔透视〕命令,用前面学到过的调整广角拍摄大楼变形的矫正方法,调整上
大下小的画面效果,如图 172 所示。

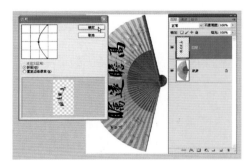

图 171

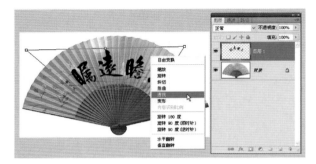

图 172

　　我们的目的是将文字在扇面中更好的吻合,有时文字图片即是使用〔自由变换〕工具中
的透视、斜切、甚至扭曲仍然变形较重,有弧度但大小头效果失真,不能达到逼真的扇面题字
效果,我们还可以考虑一个字一个字地拷贝到扇面中去,再合并文字图层,这样做虽然繁琐
一些,但是最终效果要比整体搬运过来逼真的多。

　　为了创建文字与扇面的吻合效果,有三种方法都可以使用,第一种较为复杂,而后两种
比较简单,我们先说第一种。

　　a. 在图层面版上选择扇面所在图层,按快捷键 Ctrl＋A 全选画面,再按 Ctrl＋C 复制拷
贝所全选的图层,在图层面版上切换到通道调
版,单击下方的 █ 按钮,创建一个新的通道
Alptla 1,〔画面显示全黑〕,然后按快捷键 Ctrl＋
V,将复制的图像粘贴到通道中去,如图 173
所示。

　　在这里有一个小提示:当我们打开通道还
没有建立 Alpha 通道的时候,如果通道中已有
Alpha 通道,我们可以删除它。因为重复作图会
将前面的 Alpha 通道留在里面,如果再继续建

图 173

通道的话将会是 Alpha 通道 2 或 Alpha 通道 3,特别是初学者会绕不清是怎么回事。

b. 此时出现的黑白扇面对比度较弱，可以再用亮度/对比度工具调整一下亮度与对比度，如图 174 所示。再按住 Ctrl 键单击通道中的 Alptla 1，画面出现选定范围的蚁形线，如图 175 所示。再将图层面版上的通道切换到图层，选定文字图层，按 Delete 键〔删除键〕一次（不可多按），删除选定范围中的内容，如图 176 所示。

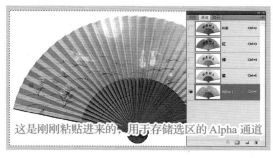

图 174

c. 这时可以看见画面文字变淡了，按快捷键 Ctrl＋D 取消选择的蚁形线，这样就可以将文字与扇面充分融合了；使文字沿着扇面形状产生凹凸变化，完整最终的画面效果，拼合图层即可。

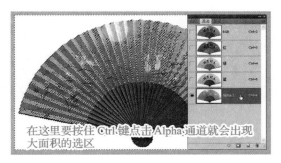

图 175

图 176

我们再说这第二种和第三种简单的方法。

a. 回到扇面图像吻合变形好的文字〔确认所在文字图层上〕那一步，将图层面版上的混合模式设置在〔柔光〕上，画面就会出现一种淡淡的字迹效果，再拼合图层即可，如图 177 所示。

b. 将图层面版上的不透明度调节到 40％～50％，视觉感受到位即可，再拼合图层即告完成制作，如图 178 所示。

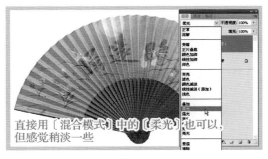

图 177

图 178

22 〔色彩范围〕在图片中的使用方法－2
——《大漠晨韵》的制作

《大漠晨韵》这幅作品是作者摄于大漠中的两幅素材合并而成。在大漠中苦苦等待黎明日出，这是很多摄影朋友都做过的事，这份辛苦自不必说，可是万一没有日出，苦苦的等待不说，雇来的驼队您还得付银子。我们这里只需要拍摄的日出素材片，驼队素材片，就可以合成理想中的大漠晨韵，不是一样很棒吗？如图 179，前面我们就说过〔色彩范围〕可以选择画面中的像素来拷贝粘贴，因为前面选择的是文字，我们再做这样一个图片的范例。

图 179

《大漠晨韵》　邹韵律　摄

①打开这两张素材片，先选择驼队素材。点击菜单中的〔选择〕——〔色彩范围〕，打开色彩范围对话框，在这里我们只需要选择处在剪影下的驼队，也就是黑色像素即可，将鼠标移向画面中就会变成吸管的模样，您可以点击要吸取的颜色——即驼队的剪影，在对话框中即可显示白色的被选择的部分，如图 180 所示。

在这里要提示注意的是〔容差〕的选择：根据这张素材图片来看，如果设置的〔容差〕比较小，那么连接驼队之间的绳结接头的毛丝丝，还有骆驼蹄下带起的沙尘等细节将被无情的丢弃；如果〔容差〕选择过大，天空中近似于深灰色的像素也被选了进来，〔色彩范围〕是整体复制，复制后会产生雾斑一样的像素，需要很细的修理才行。在这里我们选 80 的像素（比较小），点击〔确定〕，在画面中即产生了被选择的黑色剪影部分的蚁形线在闪动。

图 180

图 181

②点击菜单中的〔编辑〕——〔拷贝〕，也可以按快捷键 Ctrl＋C 拷贝。

③再切换到"大漠日出"素材片，点击菜单中的〔编辑〕——〔粘贴〕，也可以按快捷键 Ctrl＋V 粘贴，就将驼队的素材剪影复制到"大漠日出"素材片中去了，如图 181 所示。下面的工作很简单，只需用〔自由变换〕工具将驼队变换大小置入适当的位置即可。如果在复制进来

的驼队素材上出现雾状边缘可以用较软的橡皮擦工具擦掉即可。

④将图层面版上的图层切换到锁定的背景层激活为蓝色，打开〔曲线〕调整对话框，将〔通道〕设为红通道，用鼠标拖动下部曲线稍向下，上部曲线稍稍向上，如图 182 所示，画面中上部出现蓝青色，这是表示夜色还未完全褪去，一轮红日已喷薄而出，红和青互补色的运用表示了大漠晨韵的主题意境。如果想要表现"大漠落日"的暮色意境，就将红色通道的曲线直接向上拖动一些，如图 183 所示，画面中的青色消除，完全是一片红黄色的色调，即为暮色的意境。作者的主题思想在这儿也可以通过制作得到充分的体现。

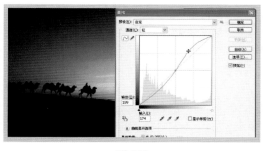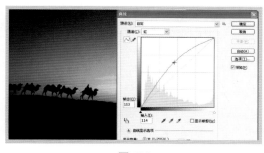

图 182 图 183

按理说下面就可以合并图层完成制作了，但这里还要补充一点艺术构思方面的创想。在驼队置入到画面里的时候，如何放置也能充分体现出摄影构图的手法，我们在摄影班学习过的教材中摄影构图一课中说到过 ……完整不等于完全，也不同于完美，由于视觉的延伸作用，有时画面中并不完整的景物同样会给观众一个相对完整的印象。这是视觉上的完整和印象中的完整两个既相同又不同的概念。比如《边关驼铃》画面中只截取了驼队中的一段，作为主体的驼队在形式上并不完整，也不完全，但留给观众的印象却是完整的，而且还更富于想象力，因为不知道在夕阳西下的大漠中，这个驼队的后面还有多少只在叮叮当当行走的骆驼……所以在这幅作品制作的时候我们将最后一只骆驼放在边缘就基于这一点的主题意境，想必摄影的朋友们都能理解。

最后我们将合并图层完成本例的制作。附图《边关驼铃》，香港罗垂炳摄影，如图 184 所示。

图 184

《边关驼铃》〔按太阳落山后的天空曝光〕

23 〔色彩范围〕中色彩的运用 ——《农家后代》的制作

　　我们前面已做了两例色彩范围的运用,吸取的颜色都是黑色的书法字体与剪影中的驼队。在这里我们就图片中色彩的复制与运用再说一说。打开这幅在苏中水乡兴化拍摄的图片,作者利用油菜花作为前景拍摄了两个可爱的孩子在小船上认真做作业的场景,画面表现得很到位,但是艺术的运用就是要好上加好,我们可以用制作的手法将油菜花复制出虚实相映的前景,还可以盖住图片右下角小船上杂乱的景物,使画面更加简洁,又有摄影中大光圈的效果。

　　①点击菜单中的〔选择〕→〔色彩范围〕,打开色彩范围对话框,将〔颜色容差〕的选项调节到最高值,再点〔取样颜色〕右边的小三角,在弹出的颜色选择中点选黄色,如图185所示。再点〔确定〕,即选中了画面中的黄色,应当是油菜花的花瓣部分,如图186所示。

　　在色彩范围的选择应用中这是一个比较重要的使用方法,这里要多说几句。如果在画面中黄色的选择〔容差范围〕过小,花瓣的黄色选进来就比较少。如果〔容差范围〕过大,比如船和竹竿的颜色也偏黄色,就会都选进来,这就不行。就要将〔容差范围〕再调得低一些重新选择。我们这里将〔容差范围〕调在150的数值,如果还有小部分的多选,可以用〔套索〕工具减选区的方式将多选的选区划掉即可,如图187所示。

图 185

图 186

　　②点菜单中的〔编辑〕→〔拷贝〕,再点〔编辑〕→〔粘贴〕,或者按快捷键 Ctrl＋C,再按Ctrl＋V,这样就复制了油菜花的黄色花瓣部分,图层面版中出现了复制的图层1,这时可以用移动工具将这个复制的图层1移开观察一下,就能发现除了黄色的花瓣,其他都是透明的部分。如果还有多选的部分,比如箩筐、铅笔盒、雨衣中的黄色部分,可以用〔橡皮擦〕工具擦掉即可(擦拭时确定在图层1上)。这些细节部分的调节都是为了后期能使画面中更加简洁,如图188所示。

　　③下面要做的工作就是将复制出来的花瓣部分像素做得模糊一些,仿佛是镜头前的虚化部分。点击菜单中的〔滤镜〕→〔模糊〕→〔高斯模糊〕,打开高斯模糊对话框,将〔半径〕的数值调在大约20像素左右,如图189所示。察看花瓣的虚化效果,再使用移动工具,按住 Alt键用鼠标在画面上拖出大约十多个花瓣的图层副本,一边拖一边设置在画面的左右下面部

分,如图 190 所示。如果感觉虚化的花瓣多了,可以用右键按花瓣副本图层弹出菜单,点〔删除〕即可,如图 191 所示。

图 187

图 188

图 189

图 190

④以上的画面大致就已产生了镜头前景物的虚化效果,而且虚实相映。还可以用仿制图章工具将横过画面的竹竿抹掉,如果觉得不必要也可留在画面中,审美的情趣是因人而异,图片效果的制作也是因人而异。

到此,色彩范围中色彩的选择和色彩的复制就已完成,最后合并图层即可。其他图片中的色彩选择也是大致如此,比如红枫叶的复制,小竹林的复制基本上都可参考这样的手法来完成。

图 191

24 压缩构图中色差的处理 ——《渔歌唱晚》的制作

在图片制作中,我们经常会用到压缩构图的手法来完美画面。何为压缩构图呢? 比如《渔歌唱晚》这幅作品非常恰到好处的拍摄了夕阳西下湖面上的剪影景色,原片的中间部分却留下了相当大的一片深灰色调使画面上下不协调,拍摄的时机如果再迟一些,也许就看不见太阳了,天边厚厚的云层不能如愿以偿的去掉,这就可以在后期制作中压缩掉这一部分。这样的制作手法是我们常常用到的,如图 192 所示。再比如摄于新疆巴音布鲁克的《天山深处有人家》也是压缩了上与下的结构,达到线条上下呼应的范例,见最后的附图。

①

原图片中间的深灰色要去掉

②

图 192

《渔歌唱晚》 韦惠芳 摄

　下面我们要做的这幅图片也是属于这样的一个范例。

　①打开这张《太湖夕阳》的图片,由于画面有些倾斜,按 Ctrl+A 全选,在全选的画面中点右键弹出菜单,选择〔斜切〕,用鼠标按住右下角下拉一些就矫正了画面的倾斜(这样的动作不能过大,不然画面会走形),如图 193 所示。

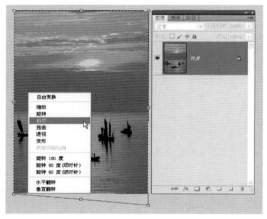

图 193

图 194

　②用矩形选框工具选出画面的下半部分,按 Ctrl+C 拷贝,再按 Ctrl+V 粘贴。此时图层面版上就出现了刚才拷贝复制出下半部选区内的图层 1,如图 194 所示。

　③激活锁定的背景层双击,在弹出的对话框中按〔确定〕即解锁,使之成为图层 0。

　④确定在图层 0 上,使用移动工具按住画面的上半部分向下拖移,以达到缩小中间部分的目的,但是会不可避免地出现上和下的色差,如图 195 所示。

　⑤下面要做的事情就是要处理两图衔接部分的色差,可以使用魔术橡皮擦工具或是魔棒工具,设置一个比较小的容差。我们这儿用魔棒工具,容差为4,确定在新建的图层 1 上,用魔棒点选水面上的色差部分,再按 Delete 键删除,前后两次点选删除后,就基本上删除了水面上的多余部分。这样做的目的是为了保留远处天边水面上的一些微小的船只,保留了

现场感,使图片更为真实。而剩下的一点多余部分可以用橡皮擦工具擦掉即可,如图 196 所示。

图 195

图 196

⑥最后将图层全部合并,再调节一下色彩的对比度和饱和度即可,见图 197,《天山深处有人家》,石海燕摄。

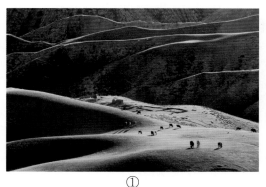

①
山峦压缩前的原图片

②

图 197
《天山深处有人家》 石海燕 摄

25 创意与制作范例之一——《红帽子家园》的制作

这幅原图片是老年大学的学员们在保护区里拍摄的,一只丹顶鹤在起飞的瞬间被凝固下来,如图 198 所示。仔细揣摩这张图片还是很不错的,人与动物和谐共处的场景饶有情趣。从创意想象入手——如果有两只"红帽"的丹顶鹤,再把下面的摄影人也处理成红帽,不就变成《红帽子家园》了吗? 再看处理后的作品,如图 199 所示。画面中有空中比翼双飞的丹顶鹤,地面上戴着红帽子的摄影人,形成了饶有情趣的对比,人与动物的和谐共处在这幅作品中体现得淋漓尽致。

图 198　　　　　　　　　　　　　　　　　　图 199

　　①打开原片进行色彩与对比度的调整,然后用〔磁性套索〕工具勾出空中飞翔的丹顶鹤,选区做好后还可以使用快速蒙版工具将选区做得更加精细,这一步马虎不得(比较费时)。

　　②点菜单中的〔编辑〕—〔拷贝〕,也可以按快捷键 Ctrl＋C 直接拷贝,再在菜单中点击〔编辑〕—〔粘贴〕,也可以按快捷键 Ctrl＋V,形成图层 1。

　　③使用〔自由变换〕工具将图层 1 中的丹顶鹤按比例变小一些,再进行边缘的修整,如图 200 所示。修整中可以使用〔橡皮擦〕工具擦去多余的边缘,使用〔模糊〕工具模糊边缘可替代羽化效果,但要注意‘值’不可过大,使用〔仿制图章〕工具。为了使两只一模一样的丹顶鹤稍有区别,还可以使用选区框出局部下嘴唇部分用自由变换中扭曲的技法进行闭合处理,如图 201 所示。

　　④切换到背景层。为了达到一种趣味性,将人物所戴的帽子用〔磁性套索〕工具选中〔用添加到选区〕的选项,再用〔色彩平衡〕加色处理。这就吻合了丹顶鹤和人物的红帽子有一种共同的特征,也就形成了这幅图片《红帽子家园》的主题意境。

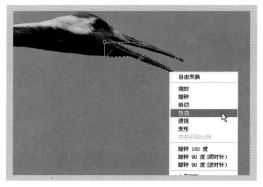

图 200　　　　　　　　　　　　　　　　　　图 201

26 创意与制作范例之二——《月亮代表我的心》的制作

　　这幅作品是作者初次拍摄舞台摄影的一种尝试,如图 202 所示。内容是芭蕾舞剧《天鹅湖》中的一个瞬间片断。原照拍摄的舞台灯光效果也还不错。为了强化这种效果将灯光的光柱表现出来,也为了表现出剧情内容,达到摄影作品的需要,在后期制作上做了一些添加。原照剧中主人公的脸部表情有点僵化,和《月亮代表我的心》的这种主题内容稍有欠缺,为了和剧情内容有一种融合,为把主人公奥杰塔公主此时此刻的心境更好的表达出来,所以在作者拍摄的素材中找到这张忧思的面孔作了替换,而换脸是为了表现这种忧思的表白心境。加上光柱效果是弥补摄影语言的需要,添加月亮是表白心境,也就有了现在的制作效果。图 203 虽不能完全表达剧情,也算是一种 Ps 后期制作的尝试。

图 202

在制作中的操作要点以及牵涉到的有剪裁,套索做选区,合成,调整色彩,自由变换,羽化选区,减淡效果,通道调色,橡皮擦的使用以及图层的不透明度等等。

下面介绍制作步骤:

①将原照打开进行剪裁,去掉下部多余的舞台下面的黑色部分。

②打开月亮素材 1,将其中选定的一张忧思的人物面孔用磁性套索工具勾选出来并移动到原照中去。按原照中人物脸部的大小比例用〔自由变换〕工具做好,并用〔橡皮擦〕工具擦去边缘的多余部分。再用〔色彩平衡〕和〔对比度〕调整色彩和亮度对比度,以求得和原照一样的色彩及对比度的效果。如图 204 所示的这一步是比较繁琐和重要的,完成后合并图层。

③这一步要做光柱照射的效果。可选用〔套索〕工具中的〔多边形套索〕工具,为了光柱的边缘部分比较真实将羽化设置为 20。注:羽化设置大小要看照片像素大小,这一步要做的比较好,要事先根据照片大小多试几回羽化值,以求得满意的效果。然后沿着画面中的灯光光斑做出模拟的探照灯光柱效果选区,如图 205 所示。

图 203

④画面中有了选区,所做的工作都是在选区内进行的。用曲线或色阶都可以将选区淡化。好,我们选择用曲线做淡化处理。下面为了使光柱更加真实一些,还可以使用减淡工具做局部减淡。(范围:中间调,曝光度 20 左右即可)将光柱的上部多扫几下再减淡一些,如图 206 所示。

图 204

图 205

图 206

⑤夜色中的天鹅湖都是蓝青冷调,拍摄的照片当然也是蓝青冷色调。此时想把光柱照射到的人物部分色调变暖一点,可点击图层面版中的通道,再点击〔红色通道〕,画面中将会是因为缺红表现出黑糊糊的一片,打开色阶或曲线将〔亮度〕调亮一些,按〔确定〕,如图207所示。这一步的目的是加红使通道变亮,再去点击 RGB 通道,此时就可以看见画面中人物的肤色略红一点。因为既有了光照效果,画面中的人物应暖一点才对。也可以在画面中达到一种点色如金的效果,再点击〔图层〕回到图层中来,按 Ctrl＋D 取消光柱效果的蚁形线。

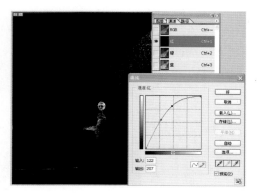 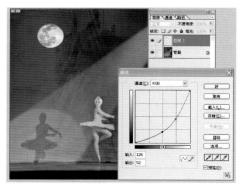

图 207　　　　　　　　　　　　　　　图 208

⑥打开月亮素材片2,点椭圆选框工具,将羽化值标在4,在勾选月亮的同时按住 Shift键,这样可以选取一个标准的正圆选区。然后用移动工具将选好的月亮移动合成到原片中去。由于资料素材和原片的像素大小不同,这个合成进来的月亮可用〔自由变换〕工具将它放大到理想的大小后再放到指定区域,再用〔曲线〕或〔色阶〕来调节它的明暗,如图 208 所示。最后将图层面版中的〔不透明度〕调节到 15％左右,目的是为了要一个淡淡的明月,如图 209所示。

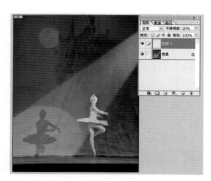 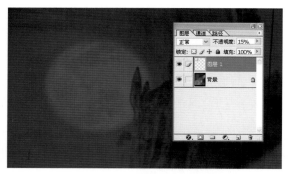

图 209　　　　　　　　　　　　　　　图 210

⑦为了更真实的表达月亮远挂天空,可使用〔橡皮擦〕工具将月亮和背景中城堡部分融合的地方擦掉,以显得城堡较近,月亮更远,也表达一种透视关系。这一步要将图片放大了去做,可用导航器放大,也可按住 Alt 键用鼠标滚轮放大。还可以将〔不透明度〕再减低,为的是更好的看清背景中的城堡轮廓去擦拭,擦拭完再调回到 15％左右即可,如图 210 所示。

⑧最后一步为合并图层,加做外框装裱画面加文字标题即完成,如图 211 所示。这样的画面配上说明性的标题更加符合剧情,摄影的语言表达更加精炼。另外还可以做黑白处理也是非常不错的选择,如图 212 所示。

图 211

《月亮代表我的心》 奚永明 摄

图 212

《月亮代表我的心》 奚永明 摄

注：在这组照片的合成中，由于人物是两张脸的合成，在拍摄中光与色的摄取量会不一样。在通道处理中可能会产生暖红色提取的不同程度，可另外处理。

27 创意与制作范例之三——《拾海蛎》的制作

这张摄于福建霞浦的素材片拍摄的很不错，有海边的环境气氛，用光很好，人物动态也还可以，但缺乏一点儿海边的色调，如果用现在的横构图的方式，似乎右上角缺点儿呼应，如果改变成方形构图会更好一些，如果右上角加上一条能显示海边特色的小船可能会加强呼应关系，更能显现海边特色。这一节创意与制作的操作会牵涉到剪裁和设定剪裁尺寸，色阶调整，色彩平衡的调整，〔历史记录画笔〕工具的使用，快速蒙版的操作，编辑中的拷贝和粘贴，合成及自由变换的使用，图层面版中图层样式和不透明度的使用。通过上述的操作，我们将学会很多操作方法。

①打开附图一（图213），用〔色阶〕调整亮度与对比度，再点击〔剪裁〕工具，在剪裁工具属性栏里输入长宽都是8进行剪裁，剪裁方式见拾海蛎附图二（图214），然后在文件菜单里存储为附图三（图215）。再存储的意思是使用〔剪裁〕工具，后面要用到〔历史记录画笔〕工具，不然就为不可用状态。

图 213 拾海蛎附图一

图 214 拾海蛎附图二

②打开附图三(图215),使用〔色彩平衡〕,将蓝色调至＋50,青色调至—20,色调平衡为中间调,保持亮度打上勾号,按〔确定〕,见附图三和附图四(图215,图216)。

 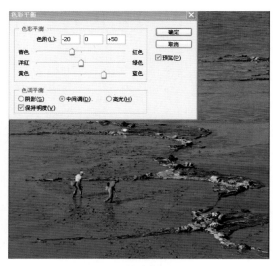

图 215　拾海蛎附图三　　　　　　　　　　　　图 216　拾海蛎附图四

③使用〔历史记录画笔〕工具,将笔刷根据图像大小调整合适再稍软一些,涂抹画面中突出的人物和线条景物部分,即可在涂抹的部分恢复到打开时的色彩状态,提请注意的是这一步需要细心加耐心,不要涂抹掉画面中平面的蓝色部分,见附图五和附图六(图217,图218)。

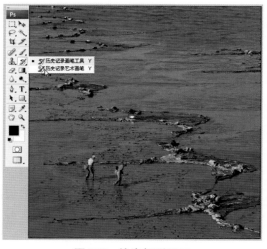 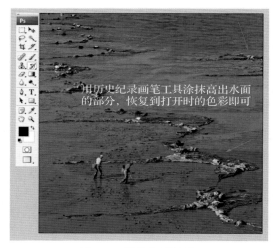

图 217　拾海蛎附图五　　　　　　　　　　　　图 218　拾海蛎附图六

④打开附图七(图219),"船只"可用快速蒙版涂抹法,将画面中的某一只船勾选出来形成选区。具体操作方法是在工具箱中点击快速蒙版,使用画笔将需要的船通过涂抹勾选出来,(这一节快速蒙版课程如果弄不清楚可参考《基础摄影教程》下册第八章第302页)待形成船只的选区后,(如需要还要进行反选)按菜单中的〔编辑〕—〔拷贝〕,再将图片切换到原来的图片中按〔编辑〕—〔粘贴〕,就将小船粘贴进了图片中,也在图层面版中形成了图层1,见附图七和附图八(图219,图220)。

图 219　拾海蛎附图七

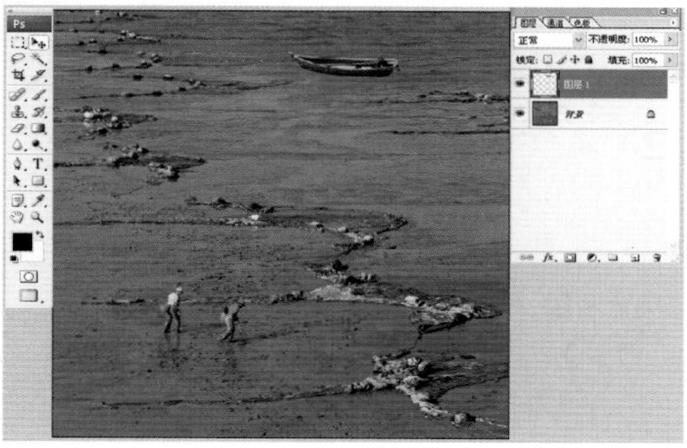

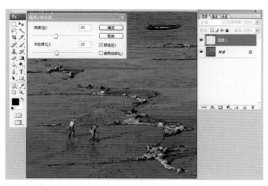

图 220　拾海蛎附图八

⑤使用自由变换工具调整小船的方位和大小,特别是在一定的高度观看有一定的倾斜性,要调整的符合比例,见附图九(图 221)。

⑥使用〔亮度/对比度〕降低小船的对比度和亮度,再用〔色彩平衡〕给小船加上蓝色和青色,这一步要参考旁边水面的色彩为准来进行调整,见附图十和附图十一(图 222,图 223)。

图 221　拾海蛎附图九

图 222　拾海蛎附图十

⑦可以使用〔模糊〕工具将小船比较坚挺的边缘部分涂抹一下,强度稍低一些(增加可信度)。

⑧这时的画面已基本上差不多了,按人物的光照方向,还应当给小船也做一个光照的投影才对。点击图层面版中最下方一排图标中的 **fx** 图标,添加图层样式,在打开的菜单中点击〔投影〕,打开图层样式对话框,按画面中人物的投影方向,将角度设置为 177 度,使用全局光打上勾号,距离、扩展、大小的设置可以一边设置一边观察图中的效果,将〔预览〕打上勾号,这幅图片的设置是距离 75 像素,扩展为 0,大小约为 45 像素,不透明度约为 50%,见附图十二和附图十三(图 224,图 225)。

⑨最后一步为拼合图层,然后再将画面中一些细微的不尽如人意的地方用〔图章〕工具或〔修复画笔〕工具进行涂抹美化。这一步看似简单,其实非常重要,因为这些细微的瑕疵部分如果忽视了,给人的感觉就不真实可信了(特别是高倍率的放大后)。完成后的成品如图 226 所示。

图 223　拾海蛎附图十一

图 224　拾海蛎附图十二

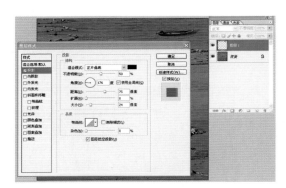

图 225　拾海蛎附图十三

图 226　《拾海蛎》完成后的作品

《拾海蛎》　高云霞　摄

28 在画面上添加水流效果

　　在枯水季节,很多景点都会变得名不符实。比如某某旅游胜地的"水帘洞"没有了流水和瀑布,就是纪念照片也会感到失色许多。如果您留心一点在其他地方多拍一些水景的素材图片,就能够在 Ps 中通过画面合成弥补这个缺憾。所以在这一节中我们就讲一下添加瀑布或水流的效果。

　　①在 Ps 中打开一幅在水帘洞前拍摄的纪念照片,如图 227 所示。

　　②再打开一幅有瀑布的素材照片,使用〔套索〕工具选中瀑布区域,点击编辑菜单中的〔拷贝〕或快捷键Ctrl＋C。然后切换到第一幅纪念照图片,点击〔编辑〕菜单中的〔粘贴〕或快捷键Ctrl＋V,即将选中的瀑布区域粘贴在纪念照图片中。(当然也可以直接将瀑布

图 227

区域用移动工具拖到纪念照图片中,这儿只是为了熟悉拷贝和粘贴工具的功能)

③按菜单中的〔编辑〕→〔自由变换〕,将白色的水流瀑布恰到好处的设置到恰当的位置,这一步也很关键,然后再按 Enter 键确认自由变换的操作,如图 228 所示。

④在〔图层面版〕上将〔混合模式〕设置为〔变亮〕,使白色的水流能透出下方的图像。〔变亮〕或〔滤色〕的操作就是去掉黑色的部分像素,留下我们需要的白色瀑布水流,如图 229 所示。

图 228

图 229

⑤按菜单中的〔图层〕→〔添加图层〕→〔显示全部〕命令,为瀑布所在的图层添加蒙版。也可以直接按图层面版下方的 按钮,为图层添加蒙版,再将前景色设置为黑色,使用〔画笔〕工具涂抹掉不需要的多余部分图像,包括人物身上的一些水流部分,要注意细节边缘的涂抹。

在蒙版擦拭过程中如果觉得水流不够大还可以使用自由变换中的〔扭曲〕来变换水流的宽窄,如图 230 所示。还可以去掉蒙版改用〔橡皮擦〕工具和调节图层不透明度来擦掉人物身上和头部多余的水流,使人在前面水流在后面的透视感表现出来,如图 231 所示。

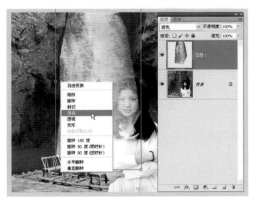

图 230

将水流的不透明度调低,可以看见用橡皮擦工具擦拭的边缘部分

图 231

⑥下一部分的操作就是要创建瀑布在水面溅起的水花。再打开另一张有水花的素材图片,用〔套索〕工具选出水花部分,可以按〔编辑〕→〔拷贝〕,再切换到纪念照图片中按〔编辑〕→〔粘贴〕即可。当然也可以用〔移动〕工具将水花素材部分拖到纪念照图片中去。

⑦再用前面用过的老方法,将图层面版中的〔混合模式〕设置在〔变亮〕模式,使白色的水花区域透出下方的水面。

⑧使用〔自由变换〕工具将水花图层变换大小至水面适宜的地方,按〔图层〕—〔添加图层〕—〔显示全部〕命令,为水花所在的图层添加蒙版。再将前景色设置为黑色,使用〔画笔〕工具涂抹掉不需要的多余部分图像,包括人物身上的一些水流部分,要注意细节边缘的涂抹。

⑨做完了瀑布和水花的修整后,在〔图层面版〕上,在所在的图层蒙版上单击右键,在弹出的对话框中点击〔应用图层蒙版〕,即应用了图层蒙版。这时还可以打开〔色阶〕对话框来调整水花的亮度与对比度,方法是调动〔色阶〕中间的小滑块来调节,如图 232 所示。

用同样的方法再去调节瀑布所在图层的亮度与对比度,也可以使用〔色阶〕来调节瀑布的多与少,凭视觉感受来调节是最好的第一要点。最后制作完成,合并图层即可,如图 233 所示。

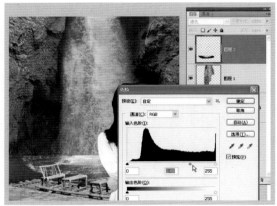
图 232

图 233

29 利用调整层的〔阈值〕制作黑白色调分离照片

在胶片时代,要做一张黑白效果色调分离的暗房技法作品手续非常繁多,要在暗房反复拷贝多次,再加显影定影等,工艺繁琐还要花费大量的时间而且很不容易掌握。对于一般的摄影者来说很不适宜,在一定程度上限制了创作的乐趣。使用现如今的 Ps 就容易得多了,还可以做出多种的效果。下面我们就来尝试做一张这样效果的图片。

①打开原图片,在〔图层面版〕的下方找到〔创建新的填充或调整图层〕图标,点击右键弹出调整层的菜单,在里面点击〔阈值〕即可打开阈值调整对话框,打开时的默认色阶值是128,在画面中就已经有了阈值调整的黑白效果了。按住中间的小滑块向左调动至 75的色阶值,如图 234 所示。上部的宝塔显示还是可以的,但是下半部显得过黑,没有线条层次,此时可以关闭对话框。

②利用〔阈值〕的蒙版效果,用较软的黑

图 234

色画笔(色盘是默认的上黑下白色)将下半部过黑的区域涂抹还原为原图片效果,如图 235 所示。再次打开〔阈值调整〕对话框,将色阶滑块调节到〔色阶直方图〕的最黑处,大约 40 的色阶值,即有了下半部的线条效果,如图 236 所示,完成后关闭阈值对话框。

图 235

图 236

③合并所有图层,点击菜单中的〔文件〕→〔存储为〕,将这幅两次调整过的黑白分明的阈值效果图片另命名保存,比如命名为 A 图片存储备用。

④再次打开原图片,点击图层面版下方的〔调整层〕,打开阈值调整对话框,将〔阈值〕色阶调整到 70 左右的色阶值即完成,关闭对话框,合并图层,存储并重新命名为 B 图片。

⑤打开前面做好存储的 A 图片,按 Ctrl＋A 全选,按 Ctrl＋C 拷贝,再切换到 B 图片中按 Ctrl＋V 粘贴,即有了深浅不同的两张阈值图片。下面的步骤要注意:A 片浅,B 片深,要调整图层的上下关系。可为 B 片解锁后拖至图层的上面,要做到深色调在上,浅色调在下,将深色调 B 片的〔不透明度〕减低到 50%,即可获得黑白灰良好的视觉效果,如图 237 所示。

将深色阈值图片降低不透明度即会产生黑白灰的效果

图 237

⑥此时阈值图片黑白灰的色调分离效果已经产生,为了达到一种润化的效果,我们将阈值图片 A 拖到图层面版下方的〔创建新图层〕图标上复制一个 A 的副本,并拖至所有图层的最上方,在〔滤镜〕中设置〔高斯模糊〕效果,大约 3.5 像素,按〔确定〕,再将其〔不透明度〕设置在大约 40% 左右,如图 238 所示。最后合并所有图层完成本例制作。

将图层副本高斯模糊后降低不透明度来产生润化的视觉效果

图 238

图 239

其实,总结起来就是做两张深浅不一的阈值图片,深在上,浅在下,将深色的〔不透明度〕减低即会产生中间灰,就有了黑白灰的三级色调,这就是基本的做法。

⑦如果想达到一种色彩的意境,我们可以在上一步合并图层之前再做一个步骤。达到这种色彩的意境效果要确认在最上层的副本层〔激活为蓝色〕,使用〔魔棒〕工具,属性选项栏的〔连续〕勾号要去掉,点击画面中天空的白色区域,画面中即有了很多的白色选区,如图 239 所示。再设前景色为蓝色,(也可以自定其他颜色)点击〔渐变〕工具,渐变效果为〔蓝色至透明〕,模式为〔线性渐变〕,按住鼠标从上至下拖出蓝色到透明的渐变效果,如图 240 所示。如果想尝试其他的色彩效果,只需要改变前景色就可以了,完成后再按 Ctrl+D 取消选择即完成,如图 241 所示。最后合并所有图层保存即可。

图 240　　　　　　　　　　　　　图 241　　为更换了另一种颜色的效果

30 为绘画和摄影作品添加印章

收藏艺术作品,古玩字画是很多人的爱好。在现实生活中,成为一个绘画收藏家需要强大的经济实力作后盾。其实,做一个电子作品收藏家也是一种很好的陶冶情操的方式。可以通过网络收集并整理个人感兴趣的作品,并对它们研习赏玩,甚至还能够在作品上加盖一枚自己的收藏印章。作为摄影来说,拍摄的作品有时也要用到题字加印章来弥补构图或达到一种画意摄影的方式。那么下面就为大家介绍在 Ps 中为作品加盖印章的方法。

这一节的操作要点是—创建新文件—使用文字输入工具输入印章中的文字—调整文字的大小和排列方式—使用描边命令为印章描边—调整印章色彩—使用喷溅滤镜创建残缺边缘—使用色彩范围选取印章区域—将印章粘贴到画卷上并调整大小尺寸。

①按快捷键 Ctrl+N,在弹出的对话框中创建一个白色背景的图像文件。1024×768,分辨率为 300,RGB 模式。

②在画面里输入文字,比如某某人印,可以使用篆书字体,也可以用其他字体,关键是要像那么回事,建议使用"经典繁角篆"。但电脑里要安装这样的字体才可选用。

比如我们输入刘子翔印,在文字工具一课我们详细说过字符段落的间距问题,这里的文字如果出现字体大小或间距大小,可以打开字符段落对话框,将文字选中〔拉为蓝色〕对间距进行调整,如图 242 所示。

图 242

③按菜单中的〔图层〕→〔删格化〕→〔文字〕命令,此时图层面版中的图层就已经被删格化了,也就是将文字图层转化为普通图层,可以在图层面版中看到字体以外都是透明图层显示,将文字图层转化为普通图层之后就不能再进行编辑文字属性,但是可以像操作普通图层一样进行选取,施加滤镜效果等操作,如图 243 和图 244 所示。

如果第二步中文字段落的间距不理想的话,也可以在这里进行大小的调整,比如需要一个大字两个小字的排列(这一步的做法后面我们再补充说明)。

图 243

图 244

④使用矩形选框工具将文字按印章的方式排列好,如果不把文字图层转换为普通图层,就不能像这样选择并移动单独的文字。再使用矩形选框工具将印章加上外框,按〔编辑〕→〔描边〕命令,在打开的对话框中设置描边的宽度、像素和颜色,还要注意位置〔居内、居中、居外等〕。

⑤描边后,将前景色设置为暗红色(印章的颜色一般为暗红色),再将鼠标指向图层面版中的锁定第一个符号 ▦,稍作停留会有一排文字说明"锁定透明像素",点击锁定它。再按 Alt+Delete 快捷键用前景色填充印章图案色,可以使指定的前景色彩只填充到图层中的非透明区域,如图 245 所示。

⑥创建残缺效果,选择〔滤镜〕→〔画笔描边〕→〔喷溅〕命令,如图 246 所示。在打开的喷溅命令对话框中设置参数。喷溅半径数值越大越支离破碎,越小越没有破碎的效果,一般设置为 12 就很好。平滑的数值和喷溅半径数值相反,数值越小越支离破碎,根据需要来达到自己满意的效果即好。我们这儿设置为 5,按〔好〕即可。

锁定透明层, 填充前景色

图 245

到这一步,印章已经做好了,但是不能将这样的印章移动到画面中去,在刚才的喷溅命令中,印章中的残缺边缘填充的是白色,并没有被透空,所以需要使用色彩范围选择真正的印章区域。

⑦按菜单中的〔选择〕→〔色彩范围〕命令，在弹出的对话框中调整颜色容差区域，大约150的数值即可。也可以将鼠标移动到画面中的红色印章区域点击一下就选中了该颜色，点击确定。此时就会看见印章中有蚁形线在闪动，这就是将印章区域选中，如图247和图248所示。

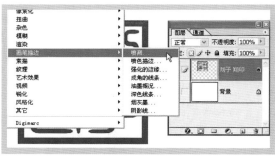

图 246

⑧按菜单中的〔编辑〕→〔拷贝〕命令，再切换到需要添加印章的图画中去按〔编辑〕→〔粘贴〕命令，就是将残缺的印章添加到图画中去了。

图 247

图 248

如果想保留这枚印章，可以用 Ps 中的 PSD 格式将图画和印章一同保留下来，以备后用。而做好的这枚原印章也可保留，但是在以后使用中还需要按菜单中的〔选择〕→〔色彩范围〕命令。

还有一点需要注意，印章图层粘贴到画卷上，大改小最好一步做完，因为改小了再改大就会失去像素、失去清晰度。当然如果用 CS-3 以上的版本可以使用智能对象就没有这样的问题，如图249所示。

前面我们说过，如果把文字图层做成一个大字两个小字的范例可以用分开做再合并的方法，比如做"松竹梅"这样的印章，放在一起做字的粗细不一影响美观，只有用分开做再合并的方法才行。大字的瘦身我们可以尝试使用〔色彩范围〕来选中字体，再在〔选择〕—〔修改〕里〔收缩〕两个像素，反选后删除外围的两个像素即达到瘦身的目的了。最后用〔自由变换〕调整大小，合并两种字体的图层，如图250和图251所示。后面的印章外框描边，还有喷溅的处理都可以按前面的常规做就可以了。

图 249

图 250

图 251

31 在〔图层样式〕中添加雨丝

关键词:图片的像素大小有很大的关系。

我们看见的作品《粉色佳人荷塘听雨》,在画面中的荷叶上有一点点的水珠,但不见雨丝落下,不免有些遗憾,这一节给大家讲一下利用 Ps 中的图层样式给画面添加雨丝,效果也很好。

①在 Ps 中打开一幅需要添加雨丝的 JPEG 文件,比如这幅《粉色佳人荷塘听雨》,首先点击图层面版下方的〔创建新的图层〕图标 ,即可看见在图层面版上加上了一个新的图层即图层 1,这一步的目的是将雨丝做在这个新图层上,而不是做在原图片上(说明:也必须做在新图层上)。

②在菜单栏的〔窗口〕下点出色板样式调板,点击 50% 灰色设置前景色,可以看见工具栏下方的前景色盘中就是我们点击输入的 50% 灰色。然后同时按住 Alt 键和 Delete 键给新的图层填充前景色,这时的整个画面就变成了 50% 的灰色了,如图 252 所示。附加说明:这个 50% 的灰色也可以在前景色盘中去调整,数据是 R:129、G:129、B:129,即为 50% 灰色。

《粉色佳人荷塘听雨》

图 252

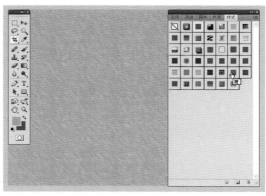

图 253

③点击色板中的样式,再点击右上角的小三角,在下拉出的子菜单中点击〔图像效果〕,

会弹出一个问话框,再点击〔追加〕,这样就可以看见样式面版里新追加了很多样式供你挑选,用鼠标箭头找到〔雨〕的样式点击,(你可以将鼠标箭头停在样式旁稍稍停留就会有说明出现)即可在灰色的画面中出现了条条雨丝,如图 253 所示。

④点击图层面版中左上角的〔混合模式〕,将模式选择设置为〔叠加〕,此时就可以看见画面中有大雨如注的效果了。我们将不透明度设置的低一些,大约 50%左右,这样雨丝的明显程度就可以降低一些,会更显得逼真和谐,如图 254 所示。

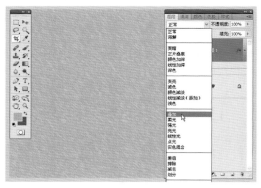

图 254

图 255

⑤点击图层面版下方的 ⬛ 图标,给雨丝图层添加一个图层蒙版,这时就可以看见在当前的雨丝图层中加上了一个蒙版,这一步的目的是将雨丝适当地减弱修理一下。下面在工具箱中点击画笔工具并将画笔的笔刷调整的软一些和适当大小,将前景色设置为黑色,画笔的不透明度调整为 50%左右。用画笔在雨丝画面中适当的抹去一些不需要的,影响画面美感的部分,因为使用的笔刷是 50%的不透明度,不会完全抹去,这样就会使画面更真实一些,如图 255,图 256 所示。

⑥细心涂抹完成之后,就可以在图层面版中拼合图层,这样一幅添加雨丝的作品就算完成了。比如作品《小镇春雨》也是用同样的方法做出来的效果,如图 257 所示。

这种添加雨丝的方法简单易学,但是它的缺点也是显而易见的,就是不能调整雨丝的方向。

图 256

《粉色佳人荷塘听雨》 童强 摄

图 257

《小镇春雨》 郭开银 摄

32 在〔动作〕中给画面添加雨丝效果

我们打开的这幅图片本身就是在雨中拍摄的,可惜的是图片中的雨丝荡然无存。这是在拍摄中常见的事情。我们前面说过可以在 Ps 的样式中去制作雨丝。现在我们再和大家说说在动作中去制作雨和雪的范例。这个动作中的雨雪效果属于 Ps 中的固有动作,也可以说是 Ps 的技术人员设计好的一系列动作,我们只需要按〔动作〕中的〔播放〕按钮,即可以把这些很复杂的操作步骤自动的、快捷的制作出来。但是在图片中并不是点播放自动做出雨雪就可以了,而是在做出的雨雪中还要进行一系列的修改,比如使用〔色阶〕调整雨雪的多与少,还有图层〔不透明度〕的多少及使用〔橡皮擦〕来擦掉高亮的雨丝部分等等。

下面我们就来进入操作步骤,要提示的是先将前景色设置为黑色,图片像素大小也有很大关系,我们打开的这张图片是 1 024×768 的图像,如图 258 所示。

①在菜单中的〔窗口〕下将〔动作面版〕调出来,也可以按快捷键 Alt＋F9 调出动作面版,动作面版往往都是和历史记录面版在一起的,也可以单独使用,如图 259 所示。在动作面版下列的菜单中如果没有〔图像效果〕,就在面版右上角的小三角上点击,在下拉的子菜单中找到〔图像效果〕点击,将它列在动作面版里边即可,如图 260 所示。

| 图 258 | 图 259 | 图 260 |

②将〔图像效果〕旁边的小三角点一下,即可下拉出很多都是可以在动作中制作的图像效果,比如暴风雪、相框等。现在我们做雨丝的效果,点击〔细雨〕变为蓝色〔激活〕,即可以在动作面版的下方找到一个〔播放〕的睡形三角形的图标点击一下,如图 261 所示。画面中即有了大雨如注的效果。而且是自动添加在图层面版上的一个“雨”的图层〔图层副本〕,〔混合模式〕也自动改变成为〔滤色〕的模式,如图 262 所示。

③此时的画面是非常密集的斜线雨丝,而且是大雨如注的感觉,并不具有现实中真实性的雨丝,下面要做的是改变雨丝的方向性,减少雨丝的密度,才能真实的表达出下雨的效果。点击菜单中的〔编辑〕→〔变换〕→〔水平翻转〕命令,即可将雨丝改变方向。如果感觉雨丝的方向性太倾斜,有大暴雨的感觉,而只是想表现出“小雨淅沥沥”或“润物细无声”的表达方式,可以用编辑中的〔自由变换〕来调整雨丝的方向。在调整中要注意放大边缘,将雨丝盖满画面。

细雨动作激活为蓝色

点击播放按钮即可
自动生成雨的效果

图 261

自动生成的雨
丝(背景副本)

图 262

④调整了雨丝的方向后,再打开菜单中的〔图像〕→〔调整〕→〔色阶〕命令,用色阶来调节
雨丝的密度,将中间的灰色小滑块向右拖动至大约 0.50 的数值,此时画面中的雨丝就明显地
减少。这里有个重要的说明就是图像像素的大小,调节的数值是不一样的,最好是以调节滑
块时的实际观察为准,如图 263 所示。

色阶调节过后如果觉得雨丝还是比较亮,还可以将图层面版中的该图像副本层降低它
的不透明度大约 50%,可以达到降低雨丝的视觉效果。有时也可以使用大约 30% 不透明度
的橡皮擦工具,用较软的笔刷来擦拭掉某些过亮的雨丝,直到画面中的雨丝达到我们想要的
理想状态即可。

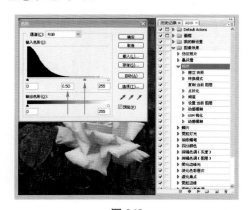

图 263

图 264

⑤最后一步就是合并图层,完成本案例的制作,如图 264 所示。

33 在〔动作〕中给画面添加下雪效果

做下雪的效果和做雨丝的效果手法基本相同,只是在做好之后的修整方面稍有不同。

下面打开一位同学在南京梅花山拍摄的雪景图片,虽是雪景,但没有下雪的效果,我们就来做出下雪的效果。

①打开这张图片,如图 265 所示。在这张图片中,石碑和亭子在视觉效果上分开的比较远,我们可以将石碑和上方的竹子用〔磁性套索〕工具选出来(不要羽化),上方的天空可用快速蒙版和软画笔做得软一些,以便天空融合得好一些。再换用〔移动〕工具向右边拖移,这样在构图上就比较紧凑,视觉上很理想,如图 266 所示。

图 265

图 266

②设置前景色为黑色,在〔窗口〕下打开〔动作面版〕,在下拉的菜单中找到〔暴风雪〕点击〔激活为蓝色〕。再在〔动作面版〕的下方点〔播放〕按钮,即在画面中出现了漫天大雪的效果,同时也在图层面版上自动添加了一个背景副本层。

图 267

图 268

③这样的漫天大雪效果肯定不如意,下雪的方向性我们可以使用〔编辑〕→〔变换〕→〔水平翻转〕命令来改变雪花飘落的左右方向,但是小一点的方向性就只能使用〔自由变换〕工具来调节了。在菜单中点击〔编辑〕→〔自由变换〕,再在自由变换的旋转中调节方向,而且尽量放大盖满画面,如图 267 所示。

④在〔图像〕→〔调整〕中打开〔色阶〕命令,向右调节中间的灰色小滑块,视觉上就会感到雪花的密度在减少,如图 268 示。如果视觉上再觉得雪花的亮度不够,或雪花有沉闷感还可以使用〔亮度/对比度〕来调节。我们这儿学习的是工具的使用,在实际操作中关键是要有视觉上的节制,凭自己的感觉来调节,如图 269 所示。最后合并图层即可,如图 270 所示。

用亮度/对比度来改变雪花亮度

图 269

最后合并图层即可 →

图 270

有时候我们稍微费一些功夫,还可以做出虚实大小不同的雪花效果,也就是说在原来做好的基础上再做一遍雪花效果。我们把它分两步来做,第一步按常规加上雪花,用〔自由变换〕工具将雪花放大,再用滤镜中的〔高斯模糊〕将雪花虚化,就仿佛是镜头前的雪花模糊状态,如图 271 所示。如果雪花的亮度不够,可以用〔亮度/对比度〕将雪花提亮,如图 272 所示。设置好之后将雪花的副本层与背景层合并。第二步在〔动作〕里再做一次飘雪的效果,这一步就不能模糊,需要实在清晰的雪花,只是使用〔自由变换〕工具调整飘雪的方向性即可,如图 273 所示。再经过〔色阶〕与对比度调整后,画面中就会出现虚实的两种雪花效果,如图 274 所示。如果感觉雪花密度过大,就用图层的〔不透明度〕来调节,画面中的漫天大雪一定要符合自己的视觉感受才好,这样的画面真实感将会令人可信,如图 275 所示。

做图片时,特别是放大虚化的雪花时可能会觉得电脑速度较慢,因为做这样的图片要求电脑内存稍高一些。完成制作后,还可以考虑在画面中合成人物将会觉得画面有些"生气",在自己拍摄的素材中找到这样打伞的素材即可。合成后如图 276 所示。

用〔高斯模糊〕将已经放大的雪花模糊 2.5 的像素

图 271

用【亮度/对比度】将雪花提亮

图 272

用〔自由变换〕把第二次的雪花和第一次的雪花吻合方向性

图 273

用〔色阶〕控制雪花的密度

图 274

图 275   图 276

《玄武冬色》 杨小彦 摄

34 利用〔滤镜〕像素化制作雪花效果

在前面的课程中我们说了在画面中利用 Ps 中的〔动作〕来做出下雪的效果,现在我们再来说说在滤镜中利用像素化来制作雪花,因为任何一种制作技法都不能说百分之百的图片都可以使用,所以对于摄影朋友来说多掌握一种技法并不是坏事,在制作中哪种方法适用就选用哪种方法来制作不是更好吗! 下面我们分五步来做就可以了。

①打开一幅雪中梅花图片,将背景图层拖到图层面版的下方〔创建新图层〕图标上创建一个背景副本层,如图 277 所示。

②点击菜单中的〔滤镜〕→〔像素化〕→〔点状化〕,如图 278 所示。打开点状化对话框,在对话框中设置〔单元格〕的参数。参数大小是决定雪花大小和多少的要点,这张图片的像素是比较小的,这儿可以设置为 10 的数值,点击〔确定〕退出该对话框,如图 279 所示。

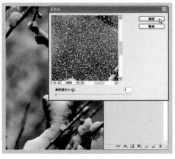

图 277   图 278   图 279

③点击菜单中的〔滤镜〕→〔模糊〕→〔动感模糊〕,如图 280 所示。打开动感模糊对话框,这里的设置也比较重要,首先设置角度,它决定雪花飘落的方向性,这里我们设置为－80 度,稍微由左向右飘落;再设置距离为 10 像素,这里是雪花向下飘落的雪丝长度,也不能设置太长的飘落轨迹;设置完成之后如图 281 所示。点击〔确定〕退出动感模糊对话框。

④点击菜单中的〔图像〕→〔调整〕→〔去色〕命令,也可以点按快捷键 Shift＋Ctrl＋U 将

87

背景副本去色变为黑白图像,接着再将图层混合模式设为〔滤色〕,如图 282 所示。滤色之后的图层副本黑白层与下层的背景层〔彩色层〕进行了混合运算,我们看到滤色之后的色彩是透过了副本层看到下面背景层的颜色,但是感觉比较淡。

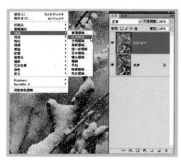
图 280

图 281

图 282

⑤将图层面版上的〔不透明度〕降至 60% 左右,如图 283 所示。你想让雪花在画面上透出来的多与少,可以调节这里的不透明度的大与小。还可以使用〔亮度/对比度〕来调节雪花的明暗视觉效果,这就是最终的下雪效果。

最后要提示的是,设置雪花的多与少、疏与密、雪花的飘落轨迹是在第二步中,〔点状化〕参数的设置和〔动感模糊〕中距离的设置。图 284 所示就是将点状化加大的效果,雪花变得比较大,雪丝拉得比较长的效果。

图 283

最终的雪花大与小多与少取决于像素点状化的设置
图 284

35 〔动作〕面板的基本操作方法

这一节我们来讲一下动作面版,什么是动作呢? 动作就是指 Ps 把我们对图像进行的某些操作录制下来,然后将这些录制下来的操作过程应用于以后的图像处理中,这样就可以减少我们的工作量,提高工作效率。我们还可以将这些操作的程序〔自制的动作〕与菜单中的〔文件〕→〔自动〕→〔批处理〕这样的命令结合,将大量的文件用相同的操作方法进行操作来提高工作效率。

　　一般情况下,动作面版可以分为两大块来说。一是固有的动作,是 Ps 带来的,也可以说是 Ps 的技术人员设计好的一系列制片程序把它列入在动作中,我们只需要按操作方法把它〔播放〕出来,就可很简单的完成这些很复杂的一系列操作步骤。比如在〔自动〕的动作中可以做出下雨、下雪、水墨画的效果,做出各种各样的画框等等。关于固有动作的演示我们会在下面的课程中给大家操作。

　　现在我们来说第二点,也就是动作面版的使用方法。就是把自己对图片的制作程序做一个录制过程放在动作里,以后碰到类似的作品,类似的制作方法,就不必再一步步繁琐的去做,而是点击一下设计的键就可以很快地做出来。

　　那么下面我们就来看看如何认识和使用动作面版,如果界面上没有动作面版,我们可以点击菜单中的〔窗口〕,在窗口下找到〔动作〕就可以点击打开动作的〔浮动面版〕。一般情况下,动作和历史记录面版是连在一起的,在面版里有很多的动作效果,动作里的横向小三角 ▶ 是提示的动作名称,这个名称里还有包含了制作中的详细的制作步骤,在这个横向的小三角上点击一下,这个小三角就会向下 ▽ 显示出这些步骤,也就是提示你是用了哪些方法来完成这些制作的。浮动面版的最下面是一排图标,见图 285。

　　最右边的是垃圾筒,有些不必要的或是无用的动作你可以删除它,点一下垃圾筒,在弹出的问话框中点〔确定〕就可以删除掉。但是对 Ps 中固有的动作最好还是不要动它。这只是一个要说明的删除步骤,如果不小心点掉的话,可以点面版右上角的小三角,在下拉的子菜单中点〔复位动作〕就可以恢复到原来的模样。

　　如果我们要创建一个自制的新动作,可以点击动作面版下方的〔创建新设置〕图标,在弹出的〔新序列〕对话框中输入一个你想自制什么样动作的名称,比如输入一个〔我的新设置〕单击〔确定〕,我们就在动作面版里建立了一个类似于文件夹图标的新设置,以后我们要录入什么样的操作都可以统一的放置在里面进行管理。当然,我们可能要创建的动作系列不只是一个或两个,那么每个动作都要有一个单独的体系,但都是统一在〔我

图 285

的新设置〕这样一个文件夹里的。比如我们要制作一个作图的过程,可以再点击面版下方的〔创建新动作〕图标,单击它可以弹出〔新动作〕对话框,在这个对话框里我们再去设置一个要做什么样动作的名称,可以在对话框里看到这个名称是归纳在〔我的新设置〕这个序列里的。当然你也可以把你制作的这个动作设置归纳在 Ps 默认的其他文件的名下,但是管理起来总会觉得不太方便。比如我们在名称里命名一个〔我的动作 1〕,还可以为它建一个颜色来自定义,来说明你的这个动作的醒目程度。我们还可以给它制定一个功能快捷键,以便可以很方便地找到它,比如我们任意的设置一个 F5,如果没有设置功能快捷键,后面的两个小方框 Shift 和 Control 为不可用的白字状态,只有点击了功能键之后才为可用状态,Shift 和 Control 的作用可以理解为扩大制作步骤的一种设置,如果你用不了那么多的步骤也可以不设

置,如图 286 所示。

当你一切都设置完备之后准备制作了,才可以点击对话框中的〔记录〕,这时动作面版下方的红灯就亮了,也就是开始记录了,见图 287。Ps 将为你录制下所有的制作程序。如果要停止的话就点击左边的小方块图标为停止记录。

图 286   图 287

有一点要说的是,如果用画笔等工具在画面上进行一些精心的修图此类的动作,这个〔动作〕记录就会显得无能为力,那么在记录的〔动作〕中我们常常要做的是比如全选、调整图像色彩、裁切,还有在菜单里、滤镜里操作的一些过程容易被记录下来。

好,下面我们就在开始记录的状态下做这个〔我的动作 1〕(小猫卡通图片,400×500)。

①全选画面,按菜单中的〔编辑〕→〔描边〕,打开描边对话框,描边向内,2PX〔像素〕,选黑色,点〔确定〕。再在菜单中按〔编辑〕→〔拷贝〕。

②点菜单中的图像→画布大小,打开画布大小对话框,数据:点选〔相对〕,宽和高都设为60PX〔像素〕,定位在中间,画布扩展为白色,点〔确定〕。〔这个 60 PX〔像素〕是让出来的白边效果。〕

③此时画面中感觉大了一圈,也就是画布高和宽都向外扩展了60PX〔像素〕。点〔编辑〕→〔粘贴〕,此时图层面版上即添加了图层 1。

④点选图层面版下方的图层样式 ***fx*** 图标,再点〔投影〕,打开图层样式对话框,在里面设置以下参数:〔混合模式〕和〔不透明度〕均为默认的〔正片叠底〕和 75% 数据。

角度为 135 度,左上角来光的感觉。

距离 8,扩展 8,大小为 15,杂色 8,见图288。

这些被录制的做片过程都会记录在案,并被显示在〔我的动作 1〕下方,见图289。

按红灯左边的小方框,即停止记录。我

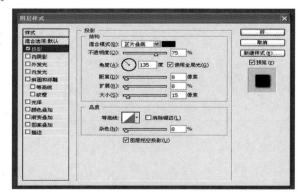

图 288

们可以尝试用其他的图片来测试一下这个动作(最好是同等大小像素的图片)。

在动作面版上还有一些要说的问题:如果在设置好的动作记录中进行自动播放作图,还想有所改变某一步或想省略掉某一步的话,我们只需要在图层面版的左边小格中将这一步的勾号点击去掉〔切换项目开/关〕,就可以在自动播放作图中跳过这一步。(比如我们可以回过去再做一遍尝试一下,用历史记录回到打开时的状态。)比如我们将"动作1"中的"描边"勾号去掉,(就是跳过了这一步不做,等于将〔项目切换开关〕关闭)。在自动播放做好的图片中就没有〔描边〕的 2PX〔像素〕黑边。

图 289

另外我们还可以让 Ps 在自动播放作图的过程中询问我们下一步的操作,在勾号右边的小框中〔切换对话开/关〕点击加上一个标识即"对话开关",然后再去点击自动播放的话,它就会在走到这一步的时候调出这一步的对话框来询问你作怎样的调整。那么我们就会在这一步再去做精细的调整,进行单独的设置。

在动作面版下方最右边是一个删除标识的按钮,我们在前面就已说过,这儿不再赘述。我们在制作摄影作品的时候,不太可能有多少步都使用同一种步骤的制作方法,但是在处理一些上网使用的图片,批量做一些图像效果,用这种已经做好存储的〔动作〕来自动处理还是大有用处的。这种方法简单易用,而且快捷。

36 〔动作〕中的批处理

下面我们再看批处理。我们打开菜单中的〔文件〕→〔自动〕→〔批处理〕,可以打开批处理对话框,在第一框的播放栏中〔组〕的右边有一个小三角,点击〔打开〕,再点〔我的新设置〕,就是前面我们在动作面版中设置的一个动作,下面一栏的小三角会有〔我的动作1〕。因为我们只在〔我的新设置〕文件夹里做了这样一个〔我的动作1〕,没有做其他动作,所以没有其他选择。

在〔源〕的下方选择中找到计算机中你要批量做的文件夹所在的盘符(所在地方),在〔选择〕的后面显示的是一排文件夹所在的指定路径显示,点击〔确定〕,在 Ps 界面中就会按照你的指令将所有指定的文件夹中的图片都按照〔我的动作1〕统一的制作了,这种方法快捷又省事。这是一种自动批处理的方法。

还有一种使用图像处理器批量处理的方法,稍微繁琐一点,但处理的机动性很好,也是我向大家推荐的方法。用这个图像处理器来批量产生同一种制作效果是很多人都在使用的。

打开菜单中的〔文件〕→〔脚本〕→〔图像处理器〕,打开图像处理器,设置如图 290 所示。

①要选择处理的图像——按〔选择文件夹〕键,在〔选取文件夹〕的对话框里找到计算机中所在的要处理的图像盘幅(是一个文件夹里的许多图像,不是某一张图片),点〔确定〕。

〔选择文件夹〕的按钮后面也有文件夹所在的路径显示。

②选择位置以存储处理的图像——有上和下两种选择，如果设置在〔相同的位置存储〕当然是将批量做好的文件夹图像还是放置在原来的文件夹位置中。如果要改变存储路径，可以点选下面一个按钮，而且要指定一个存储的路径来放置这些批量做好的图像。最后按〔确定〕。

③文件类型——也就是存储的格式，你可以按照对话框中的提示打勾号，存储的格式、品质、调整大小都可以去设置。（如果我们做了固定的大小像素就不必勾选它的选项。）在格式上可以是 JPEG 格式，也可以是 PSD 格式，还可以是 TIFF 格式，也可以三种格式都采用的方式来存储。

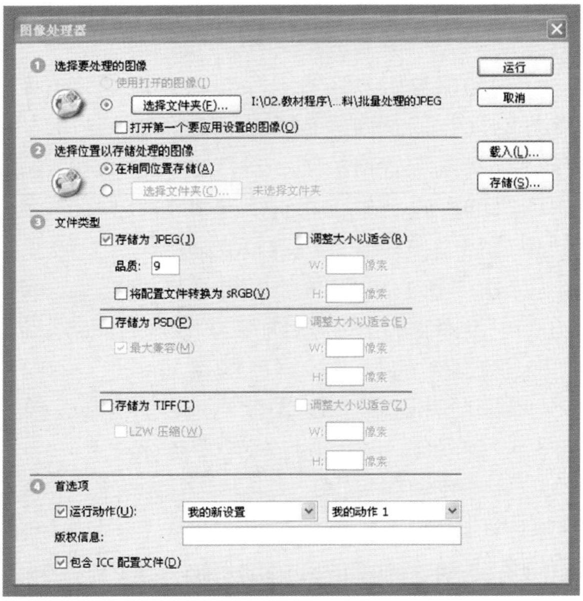

图 290

④首选项——如果〔运行动作〕的方框里不打上勾号，后面的选项就为不可用的白字状态。打上勾号后，在右边的小三角里点击，就会下拉出你需要的某种动作设置，如果你要统一的给图片做相框，你可以点击画框设置，然后在右边的一栏中选择设置什么样风格的画框即可。现在我们要做的是批量处理我们设置好的〔我的动作 1〕，所以先点选〔我的新设置〕，再点〔我的动作 1〕。设置好以上的四个选项，按对话框右上角的〔运行〕，即可在 Ps 的界面中进行一系列的制作。然后我们找到存储的路径就可以看到批量做好的图片了。

37 〔动作〕面板使用中固有动作的操作方法

在前面的课程中我们说过了动作面版的基本使用方法，也说了自制动作的批量处理方法。在 Ps 中有很多的动作效果非常有用，只要点击〔播放〕就可以将它们的制作效果自动完成，下面我们就有针对性的简单说几种常用的效果，举一反三，其他效果就基本上会运用了。

第一部分：批量做相框，〔木质画框〕

打开 Ps CS-3 界面，点击菜单中的〔文件〕→〔脚本〕→〔图像处理器〕，打开图像处理器的对话框。点第一部分——选择要处理的图像，点选择文件夹，在〔选取文件夹〕里找到〔源〕文件（要提示的是这里要做的是批量，是文件夹中的多幅图片，如果做一张两张在界面中打开动作面版就可以做），如图 291 所示。

第二部分——在相同的位置存储。

第三部分——存储为 JPEG。

第四部分——〔运行动作〕打上勾号，再点〔画框〕，木质画框 50 像素即可再点击右上角的〔运行〕。

批量处理（木质画框 50 像素）的时候会有一个〔高度和宽度均不能小于 100 像素〕的提示，需要按〔继续〕即可。为什么呢？这样的画框左右各 50 相素，如果小于 100 像素，画面还有吗？比如我们做的这些图片都是 500×400 像素的，如图 292 所示。做好之后就都是 600×500 像素的了，如图 293 所示。上下左右都各加了 50 像素。所以我们要知道，图像越大，相框的边就感觉到越窄，像素越小，相框的边就感觉到越宽．这就是木质画框 50 像素的道理，也是〔高度和宽度均不能小于 100 像素〕的原委。

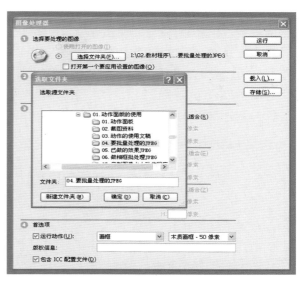

图 291

图 292

做相框前的（500×400）像素

图 293

做好之后是（600×500）像素

38 〔动作〕中的图像放大程序－1

有时我们在网上下载的图像觉得很好，但又感觉像素太小，有时小到观看效果很不理想，我们可以利用插值的方式将图像增值一些，但又不能一次性增大（会使像素瘫痪），可以

　　尝试按百分比来一次次的增值,还可以将这种方式设置一个〔动作〕的程序留存在自己的电脑软件中,需要的时候打开动作即可以逐步插值也很不错。

　　比如我们打开这幅网上下载的小女孩图片,按常规我们点击菜单中的〔图像〕→〔图像大小〕,也可以按 Alt＋Ctrl＋I 快捷键直接打开图像大小对话框,可以看到图像像素大小和文档大小的各种数据,如图 294 所示。我们可以在里面修改图片的数据以增大或缩小即可,这就是针对某一幅图片的修改方法,如果将它制成一个程序,我们就要在〔动作〕中去录制存储。

点击这里创建一个自制的动作新组

| 图 294 | 图 295 |

　　①在菜单的窗口里找到〔动作〕,打开〔动作〕浮动面版,点击下方的〔创建新设置〕图标"有的软件为〔创建新组〕",如图 295 所示,会弹出〔新建组〕的对话框,可以在〔名称〕上设置一个你自定义的名称比如〔我的设置〕,然后点〔确定〕,它即会出现在动作面版的排列之中,可以把它理解为一个类似于文件夹的东西,在里面还可以有其他许多种动作系列,但都是归纳在这个〔我的设置〕的文件夹中的,如图 296 所示。

　　②再点击〔创建新动作〕图标,又会弹出〔新建动作〕对话框,〔名称〕可以命名为〔图像放大〕,可以看到它是归纳在〔我的设置〕这个组中的。还可以设置功能键,比如 F8,再设置一个醒目的色彩,如图 297 所示。以上的数值都设置好之后才可以点击对话框中的〔记录〕,动作面版下方的红灯标志即亮了,也就是开始记录了。下面我们所做的每一步图片制作或修改都将被记录在〔图片放大〕的这个动作里。

| 图 296 | 图 297 |

　　③点击〔记录〕后,在动作面版上我们可以看见〔我的设置〕是一个文件夹,它的下面就是图像放大的动作程序,快捷键是 F8,如图 297 所示。而且下面的红灯已经亮起,下面就开始记录这个图片的放大程序。点击菜单中的〔图像〕→〔图像大小〕,打开图像大小对话框,注意看一下对话框中的〔像素大小〕为 1.23 兆,宽度为 800。我们现在把〔文档大小〕中的厘米改成百分比设置为 110％,也就是每次增加 10％。设置之后立刻就看见像素大小之前的和修改

过后的大小都有了增大 10％的变化,如图 298 所示。点击〔确定〕之后在动作面版上即记录了〔图像大小〕的设置这一步骤。如果下面不再做其他步骤即可点击红灯左边的〔停止记录〕图标,即关闭了红灯。

图 298　　　　　　　　　　　　　　图 299

④由于在自制的〔图片放大〕动作里设置了 F8 的快捷键,就可以按 F8 来递增 10％的图片放大效果,也可以点击图标中睡三角一样的符号〔播放〕来使用这个动作的放大程序,而不用再一步步的在图像大小中去设置了,而且每次放大都是以 10％的数值来递增的。换上其他的图片也一样可以照此比例操作递增放大。

39 认识历史记录面版

　　我们在前面的课程中讲到过历史记录画笔的使用,也和大家说到过这个历史记录面版的初步使用方法。在这一节中我们再简要将它的其他作用再认识一下。

　　我们打开这幅郁金香的图片,如果界面中没有历史记录面版的话,我们在菜单的〔窗口〕下将历史记录的面版打上勾号以显示出来,如图 300 所示。在历史记录面版最上部的小图像就是我们这幅图像打开时的模样,如图 301 所示。在图像制作编辑的过程中,如果对图像的制作不满意的话,我们可以随时点击这里回到最原始的状态,也就是打开时的模样。

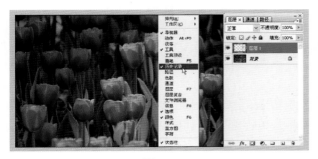

图 300　　　　　　　　　　　　　　图 301

　　在它的下面就是我们制作时每一步的记录,比如现在我们使用〔画笔〕工具在画面上划出一个小圈圈,那么在记录面版上就记录了这一步,你画出几个圈它就记录几步,即使是轻轻的点一下,那也是一步的记录被记录在案,如图 302 所示。如果我们想恢复到某一步的话,只需要单击这一步就可以恢复到这一步所做出的状态。比如我们点击面版中第一个小圈圈的话,那么后做的几个小圈圈就消失了,这是一个非常好用的历史记录恢复的状态。但是这里的历史记录恢复状态是有限制的,我们也可以改变这个限制。我们打开菜单中的〔编辑〕→〔首选项〕→〔性能〕,打开性能对话框,这里面有个〔历史记录状态〕的数字,如图 303 所示。如果你经常做历史记录的恢复工作,即可设置的多一些,但是恢复步骤的数字越多,对电脑的配置要求就越高,这些常识性的要求我们在第一课"优化界面"的时候就已说过。

图 302

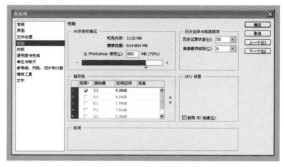

图 303

在历史记录面版的下方有个方方的按钮,当我们将鼠标停留在上面的时候,它会出现"从当前的状态创建新文档"的字样,如图 304 所示。也就是点击了它,可以将当前的制作模样新建一个文件复制出来。比如点击它一下,这时我们看到在界面中就另外出现了一幅和这幅一模一样的图片,这时我们在这幅文件中继续操作也是一样的效果,它并不影响前面一个文件(可以说互不影响),在这里我们可以理解为建立了一个相同状态下的副本文件,如图 305 所示。这就是这个"从当前的状态创建新文档"的作用。如果不需要也可删除它,点击〔删除〕再点击〔否〕即可。

图 304

图 305

我们再看下面还有一个"创建新快照"的作用又是如何呢,如图 306 所示。就是当我们在制作到这一步的时候,感觉到非常的不错,将来可能还会用到这一步,如果继续做下去感觉到不满意还想回到这一步的话,由于我们的历史记录步骤是有限制的,有可能回不到这一步岂不可惜? 所以我们在这一步给它建立一个快照,将这一步保存下来,所以它的图标就像一架照相机,如图 307 所示。如果想删除这个快照的话,只要将它拖到垃圾筒里就可以了。而且我们前面所做的历史记录的每一步都可以拖到垃圾筒里删除掉。历史记录的步骤越少,我们电脑的制作速度就会越快。

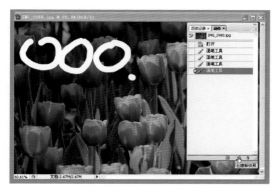

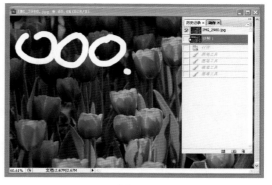

图 306 　　　　　　　　　　　　　　　　 图 307

40 认识样式面版

在"图层样式"一课中，我们专门针对〔混合选项〕中的各种图层样式给大家讲解过。但在这里的样式面版，是 Ps 给我们带来的各种样式效果，我们可以在里面选用，也可以自定。选用想必大家都会用，但如何自定呢？在这里先给大家做这样一个文字效果。

新建一个 800×600 的白底文件，输入文字："江苏省老年大学"，在白底上输入白字当然什么也看不见，首先在〔混合选项〕里给它〔描边〕像素，黑色，不透明度 50％，如图 308 所示。

给它做一个投影，打开投影样式的混合选项，不透明度为 50％，角度 130，距离 5，扩展为 0，大小 7，杂色为 10，如图 309 所示。现在已做好了这样的文字样式，如果你感觉这个样式做得很好，想把它保存起来，将来在做其他文字效果的时候再把它调出来使用，我们在样式面版的下方点击〔创建新的样式〕按钮，如图 310 所示。在弹出的〔新样式〕对话框里输入你给这个字体样式的名称，比如我们还是用"江苏省老年大学"，点击〔好〕，它就会把我们现在做的这个〔图层样式〕保存在图层样式面版里面。以后我们再想用这样的样式，点这里就可以了。不必再去做描边、投影、不透明度这样的工作了。比如我们将这里的文字删除掉，再重新输入其他文字，再点击我们刚刚输入的文字样式，就可以看到还是这样的样式效果。这就是样式的存储，如果你觉得不合适，把它拖到垃圾筒里就可以了。

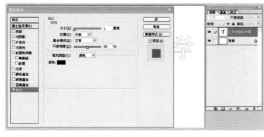

图 308 　　　　　　　　　　　　　　　　 图 309

在 Ps 给我们带来的样式中也可以任意的选用，使用方法很简单，只要点击某种样式都会在你输入的文字中展现样式效果，如图 311 所示。

图 310

图 311

41 认识导航器面版

　　导航器面版是方便我们图像制作的面版,我们常常会说图片放大了去做,缩小了去看。在 Ps 的界面中图像非常大的时候,屏幕上会显示不全面,如图 312 所示。我们对图像的某一个局部进行了精细的操作之后,需要把屏幕移动到另外一个位置,我们就可以使用导航器来进行操作。在导航器面版上有一个红色框框的范围就是画面中的局部显示,还是如图 312 所示。我们可以用鼠标在导航器的面版上迅速地将它移动到我们需要的显示位置。

图 312

　　其实我们有一个快捷键也可以替代这样的工作,即使不打开导航器我们同样可以进行这样的操作,就是按住键盘上的空格键,鼠标就会变成抓手的模样,按住鼠标左键直接进行移动,就不需要借助于导航器了。

　　在导航器面版的左下角有一个百分比的显示,我们也可以直接在里面输入我们需要的数值,按下〔回车键〕,直接将图片进行百分比大小的显示,而且在 Ps 界面的左下角同样也会有百分比的同步显示。

　　在导航器面版的下方还有滑块的操作,点左边为缩小画面,如图 313 所示。点右边为放大画面,而中间的滑块也可以用鼠标拖动它随意的放大或缩小,如图 314 所示。所以我们说导航器面版或空格键快捷的使用都是我们必须的修图工具。

图 313

图 314

42 认识直方图面版

现在我们再来认识一下直方图面版,在 Ps 中如果没有打开任何图片,直方图面版的显示为空白的图标,如图 315 所示。我们任意打开一幅图片,再来看看直方图面版,在这个面版里我们可以看到色阶的分布情况。如果在面版右上角的小三角点击的话,我们可以看到共有"紧凑视图"、"扩展视图"、"全部通道视图"三项显示直方图的视图效果。〔紧凑视图〕就是我们现在看到的这个样子,它显示了这张图片的曝光情况,如图 316 所示。

我们在面版的菜单中点击〔扩展视图〕的话,我们看到的就是列出的色阶统计值,左边的是已有的统计值的数值,如果把鼠标放在色阶图中的话,在数据值的右侧就会有闪烁不定的数据值,那就是鼠标位置色阶分布情况,如图 317 所示。

图 315

图 316

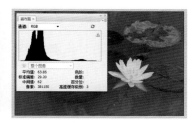

图 317

如果点击〔全部通道视图〕的话,则可以展开红、绿、蓝的三个通道,显示了 RGB 的各色调在画面中的分布情况。但显示的是黑白所示,如图 318 所示。如果单击〔用原色通道显示〕呢,则会有红、绿、蓝三个颜色的通道显示,也一样显示了各种颜色在画面中的分布情况,如图 319 所示。我们可以点击通道右侧的小三角打开各个单色通道查看现在的单色通道数据值,也可以查看〔明度〕的数据值,还可以点击〔颜色〕来查看红绿蓝黄品青的综合色阶分布情况数据值,如图 320 所示。

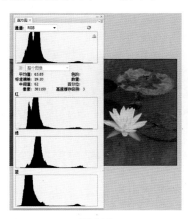

图 318

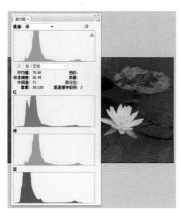

图 319

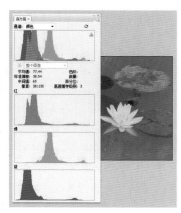

图 320

我们还可以在菜单中点击色阶工具来对图像进行某个颜色的调整,比如我们在打开的色阶中将通道中的绿色向左滑出一些,画面中的绿色就加大了,那么在直方图的通道中也显示出某个颜色被调整过的显示结果。淡色的影子显示原来的颜色分布情况,深色的夹杂着虚线的影子则是被改动过的颜色显示。这些就是直方图面版中的显示情况,它是随着画面在调整中的改动而改动,我们对它只要有个认识即可。

43 滤镜效果范例之一——水彩画效果的制作

在 Ps 的滤镜中可以将图像做出很多特技效果,只要处理得当,就能将原来很一般的场景,做出很有魅力的艺术效果。我们打开这张作者在新疆喀什老街拍摄的一幅维吾尔族少女的照片,这幅照片本身拍摄的就比较好,背景中的篱笆墙和少女都很有地方特色,而且把少女看见生人的那种羞涩感表现得淋漓尽致,如图 321 所示。下面我们就将 Ps 滤镜中的水彩画效果运用到这幅照片中去,那将会是又一种艺术效果的展示。

关键词是图片像素的大小对制作效果会有不同的表现。在 Ps CS - 3 中打开这幅照片,点击菜单中的〔滤镜〕→〔艺术效果〕→〔水彩〕命令,画面进入〔艺术效果〕对话框,如图 322 所示。对话框的左侧是预览框,左下角可以点击"+"与"—"来调节预览框中的画面大小,一般情况下以 100％显示就很好,但可以按照自己的视觉习惯来通过预览让你对变化后的最终效果有更直观的了解。在右上角有显示为〔水彩〕效果的表层,指点出我们现在所做的是哪一种效果的显示。下面有三个工作滑块,分别是"画笔细节"、"阴影强度"和"纹理",图像效果的关键就来自于这三个数据值的调节,还有操作者对画面艺术效果的领悟及把控。

图 321

《原照》 吴云 摄

图 322

首先"画笔细节"的数值越大,画面中可显示的细节就越多,笔触相对细腻;数值越小,显示的笔触就越粗放,可以通过调节来定位自己的审美感觉。根据需要来选择相应的数值,如果定位在最高值,画面将细腻到不像一幅画的感觉,也没有笔刷的痕迹;低于 12 的数值,画面的纹理又太重。所以在这里我们将"画笔细节"调节在 12 的数值。

第二"阴影强度"是控制画面的基本影调,强度数值越大影调就会越深,画面显得阴影浓重,强度数值越小,画面显得淡化轻快。因为这幅照片在进入滤镜调节前影调基本正常,所以在这里就不必加深将它设置为 0 就可以。

第三"纹理",它除了控制显示细节外,还会使淡色更亮,深色加重,以增强画面的色差度,所以它的设置只有 1—3 的控制数值,这幅图片中我们将它设置到 3 的数值,是强调了一种光线照射的反差,如若不然将会太平淡。

以上的三种数据经过调整点击〔确定〕,一幅具有水彩画特点的艺术效果就产生了,由于经过处理后的画面影调往往比原稿略深一些,必要时我们可以通过〔曲线〕或〔亮度/对比度〕的调整来达到我们期望的效果。

下面我们再做第二步的操作,以达到一种画面的陈旧感。在这一操作中将分为两种效果,我们先做第一种效果。点击菜单中的〔滤镜〕→Alien Skin Xenofex 2→〔裂纹〕,打开〔裂纹〕效果对话框,如图 323 所示。在对话框中可以先点击〔放大镜〕工具,配合 Alt 键可以将画面的预览效果放大缩小,让我们有一个直观的审视效果。其实打开〔裂纹〕对话框时就有一个默认值的裂纹效果,在我们不认可或感觉不理想的情况下,可以调节左边一排的数值,比如"裂

图 323

纹长度"、"裂纹间距"、"裂纹宽度"等,我们都可以通过调节实际观察画面的特技效果,选择一个我们认为合适的数值。值得一提的是"光源方向",画面中的光照效果最好要吻合这里的光源方向,或是按画面的光照方向调节这里的数值,以便达到一种真实感,设置好了以后可以点击〔确定〕即完成本案例的制作。

那么另外一种〔燃烧边缘〕效果也可以在这个对话框里去设置完成,直接在对话框的〔滤镜〕下拉的子菜单中点击〔燃烧边缘〕即可切换到燃烧边缘效果的对话框中,如图 324 所示。还可以对"收缩/扩充"、"燃烧宽度"、"粗糙程度"进行设置.还有"燃烧颜色"、"填充色"以及"整体不透明度"都可以进行设置,这里要说的关键还是我们对画面的理解和认识,图像处理仅仅是工具而已,不同的画面,比如油画效果、壁画效果、水彩画效果都具有不同的艺术效果的特技处理,所以说处理这一类的特技效果,要多多参考一些这一类的画面常识。

图 324

44 滤镜效果范例之二——如影似画的海报边缘效果

通过滤镜中"海报边缘"效果的运用,可以使画面获得一种相当于版画的特殊效果。"海报边缘"的成像特点是在保持图像原有细节的同时,适当压缩画面的层次和色彩,在画面色调处或线条轮廓的地方自动产生出一条条深色调的线条,就如同用画笔仔细勾画过一样,达到了基本保持摄影特有细节的前提下具有一定的绘画特征,所以这样的滤镜制作方法很受摄影者的青睐,在一些摄影比赛中和目前发行的摄影报刊中,经常可以看到使用"海报边缘"技术制作的摄影作品获奖或发表。

以一幅金陵老年大学学员毕业展中的摄影作品为例,原照是一幅《夏日荷塘》的小品,拍摄的还算不错,但画面比较平淡,也是司空见惯的一种画面,给人的印象属于一般化。为了获得一些新意,就利用荷叶的线条来产生画意的效果,作"海报边缘"的特技处理。

①打开原照,进行亮度与对比度的调整,可使画面稍微淡一些,因为加上"海报边缘"效果后会使画面亮度降低。如果画面清晰度不够,还可以使用滤镜中的〔锐化〕效果进行适当的锐化处理,这样做的效果是可以使画面边缘线条更加分明清晰。

②按菜单中的〔滤镜〕→〔艺术效果〕→〔海报边缘〕,打开海报边缘对话框,在对话框中有三个选项可供选择,如图 325 所示。

其中"边缘厚度"主要是控制图像轮廓线的宽度,数值越大,轮廓线越宽。

第二"边缘强度"是控制轮廓线的浓度,数值越大,轮廓线越黑;也会加强画面的深度。

图 325　　　　　　　　　　　　　　　　　图 326

第三"色调分离程度"(也称为'海报化'),主要指色调对比度,数值越大,得到的反差也就越大。本图像处理所用的数据是"边缘厚度"为 2,"边缘强度"为 1,"色调分离程度"为 2 的效果,点击〔确定〕,电脑经过短暂的运算,就会出现"海报边缘"的效果图像,如图 326 所示。如果认为图像效果不合适,可以在〔编辑〕中点返回,也可在〔历史记录〕中返回重做。做好后的图像效果与套色木刻很相似,别有情趣。这里要说的是:如果嫌 2,1,2 的效果不够强烈,可以不返回,进行两次重新制作,快捷键为 Ctrl+F。

③为了达到摄影与画意的吻合，我们将再做一步，就是使用〔历史记录〕画笔把画面中的荷花部分和荷花的根径部分进行细致的涂抹，返回到原来的摄影效果。为了节省涂抹时间，我们还可以使用工具箱中的〔快速选择〕工具将荷花与花茎选中，既然有选区就可以再用〔历史记录画笔〕工具放心大胆地将选区内涂抹掉，返回到摄影的效果，如图327所示。

经过处理后的作品具有一定的艺术效果，既有摄影的特色，也有画意的特技效果，很适合于装帧设计，宣传海报等。有一点要说明的是，在输出为小幅照片时它的特点并不明显，而在放大到10英寸以上时，线条及木刻般的效果会很明显。

适合于"海报边缘"处理的内容和题材很多，包括人物、建筑、花卉、风光小品等都可以考虑使用这样的特技效果。在处理过程中，画面的明暗结合部、色彩结合处以及图像的原有线条周围都会产生黑色轮廓线。所以我们所选择的素材最好是画面简洁、主体清晰、线条粗犷、有明暗对比或色彩对比的对象，特别是背景要简洁，与主体有一定的色差，轮廓与轮廓间相对分明的对象。这样经后期处理的效果会更好。比如用同样的手法处理的摄影作品《西塘印象》，如图328所示。

图 327

图 328

《西塘印象》 姚安琪 摄

还有一种方法就是将经过"海报边缘"化的图像再处理为黑白的效果，画面上只留下单纯的黑、白、灰的三个色阶，压缩中间层次的画面具有黑白木刻特点，也非常有韵味，如图329所示的《宏村印象》就是由彩色原稿经过亮度与对比度的处理，再做成黑白的三级色调的摄影作品。

概括性的说，"海报边缘"很适合处理那些有线条、有反差、有轮廓感的摄影素材，从加工难度来说后期是比较容易的，而前期的拍摄相对比较难一些，或者我

图 329

《宏村印象》 徐康元 摄

们可以在所拍摄的素材中有针对性地去寻找那些线条感，轮廓感比较好的题材来尝试制作。

45 滤镜效果范例之三——木刻线条效果

有一定摄影历史的摄影者都会有浓厚的黑白摄影情结,比较偏爱黑白摄影,而事实上确实有不少的题材用黑白效果来表现会显得更有独特的韵味。特别是在暗房制作中做出的黑白色调分离、浮雕效果、中途曝光、套放、木刻效果等暗房技法作品,更会令人刮目相看。如果技法与题材吻合,入选获奖的概率会更大。而现如今要解决这样的问题就显得容易得多,可以利用图像处理软件就能轻而易举地做出很像样的"暗房作品"来。下面我们就说一下在滤镜中做仿木刻线条效果的范例。

①在界面中打开原件,点菜单中的〔滤镜〕→〔素描〕→〔图章〕,如图 330 所示。画面就会进入图章制作对话框,如图 331 所示。对话框的左下角是调整视图效果大小的区域,点击＋或－调节视图的百分比,一般调节到 12％ 即可看到大部分的视图效果,也可以直接点击百分比右边的小三角,在拉出的菜单中选择一个合适的视图比例,如图 332 所示。

图 330

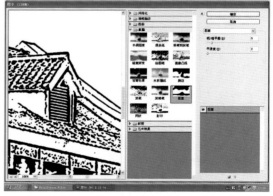

图 331

图 332

图 333

②对话框右上角的〔明/暗平衡〕和〔平滑度〕是调节仿木刻线条的关键。明暗平衡主要控制图像的黑白比例,滑块越向左移动,白色比例就越多。而越向右移动,黑色比例就越高,

如果移动到最高值 50，就乌黑一片什么也看不见了，反之移动到左边的 0 数值就全白一片，这就有些像〔色相/饱和度〕中的明度调节。其实这样的设置给了制作者相当大的选择余地，我们这张图片的明暗平衡设置在数值 7。

③下面的一条〔平滑度〕是 1—50 的选择范围，平滑度越向左，图像保留的细节也更多更细致，如果拖到右边的最高值，几乎是虚化的看不出所以然了，所以一般情况下，平滑度都设置在 10 数值以下，我们这张图片的设置在数值 3，如图 333 所示。最后按〔确定〕退出〔图章〕设置对话框即完成制作。画面中所有的色彩和明暗层次都消失，整个画面白底黑线条，具有高反差黑白线条效果，就像一幅真正的木刻画。这种做法与传统暗房特技中通过反复拷贝去除原底片中间层次的道理相同。不过在处理传统胶片时，要在暗房中经过多次的拷贝，显影与定影等手续，工艺繁琐而耗费大量时间，对于一般的摄影者来说显得非常难以面对，当然就在一定程度上限制了创作的乐趣。而使用图像处理软件是在忠于原作的基础上，将画面细节进行压缩和合并，去除多余颜色，就产生了具有木刻般线条的画面效果。

如果想做出有色彩的木刻效果也很容易，只需要设置工具箱中的色盘即可。比如我们将背景色盘设置为一种具有夜色效果的蓝青色，而前景色盘仍为黑色（表示黑色线条），如图 334 所示。再点击〔滤镜〕→〔素描〕→〔图章〕，打开图章效果对话框，仍然设置 12% 的视觉效果图，〔明暗/平衡〕为 7 数值，〔平滑度〕为 3 数值，结果就会得到夜色一般的黑色线条蓝底效果，如图 335 所示。当然，也可以设置一种暖暖的背景色，如图 336 所示。还可以给仿夜色的冷调画面添加一个月亮，如图 337 所示。

所以，画面最后调节出的颜色完全取决于前景色与背景色的安排。如果是默认的黑白前景色与背景色，自然以黑白分明的线条感来呈现。

图 334

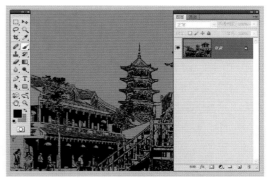

图 335

图 336

图 337

46 滤镜效果范例之四——移图与滤镜效果的混合运用

在滤镜使用的时候,有时有的图片还要进行执行滤镜效果前的加工修饰,待图片比较完美的时候再去实施滤镜,往往是会收到事半功倍的效果。比如《龙飞凤舞》这幅作品,原照片中舞龙头的人和舞绣球的人距离差别较大,即使实施了滤镜效果,也不能使主体集中而影响了整个画面的构图效果。所以这幅作品就必须先将舞绣球的人向左移图,再实施滤镜效果。这图做起来应该比较简单,但做与不做效果是截然不同的,如图338和图339所示。

图 338

图 339

《龙飞凤舞》 何布 摄

①打开这幅原照,将舞绣球的人用〔磁性套索〕工具勾选出来,由于拍摄时绣球一直在舞动,有动感的模糊状态,要借助于〔快速蒙版〕工具将选区做得更为精细一些,如图340所示。

②在菜单中点击〔编辑〕→〔拷贝〕,再点击〔编辑〕→〔粘贴〕,即将选区内的人物"绣球女"复制一份生成一个单独的图层,选区消失,如图341所示。

③用〔移动〕工具将新复制的图层1"绣球女"向左移动至合适的位置,合并图层,如图342所示。另命名保存并关闭退出此图。(这里要解释一下这一步为什么要关闭另打开重新做呢?因为待会儿要做滤镜效果,人物的脸部将会因旋转的效果而扭曲变形,会影响画面的美感效果,会影响视觉效果的均衡,而重新打开后的图片就可以实施〔滤镜〕之后的〔历史记录画笔〕局部恢复的功能,所以必须存储后重新打开)。

④在〔文件〕中重新打开这幅已合并的 JPEG 格式的图片,使用〔套索〕工具将舞龙队伍中的几张脸部都做成一个选区,(因为要求这些人的脸部不能太变形)在菜单中点击〔选择〕→〔修改〕→〔羽化〕,打开羽化对话框,追加羽化值大约为10数值,按〔确定〕如图343所示。

⑤点击菜单中的〔选择〕→〔反向〕,也可以直接按 Shift＋Ctrl＋I 将选区反向选择。再点击菜单中的〔滤镜〕→〔模糊〕→〔径向模糊〕打开径向模糊对话框,在对话框中〔模糊方法〕设置为〔旋转〕,数量大约为5数值。关键是用鼠标按住〔中心模糊〕的中心拖动来找寻一个合适的旋转中心部位,中心点当然应该设置在中心人物舞龙人的脸部左右,如果做一次不理想,可以返回再做,包括数量的设置、旋转中心的寻找。

可以借助快速蒙版将模糊部分的绣球选区做得更加精细

图 340

图 341

图 342

图 343

⑥如果以上两种数据做出来的结果都比较合适,按快捷键 Ctrl＋D 取消选择,旋转效果就基本上做好了。但是舞绣球的人物面目全非,需要局部恢复一些。下面使用〔历史记录画笔〕工具,调出一个较软的笔刷,不透明度大约 20％,在绣球女的脸部轻轻擦拭,就局部恢复了绣球女的面孔。这就是前面说到的为什么要将图片合并关闭又重新打开的意思,因为历史记录画笔工具在移图之后是拒绝使用的,如图 344 所示。

这样一处理,舞龙人与绣球女的脸部都保证了清晰度,就会产生左右的呼应与均衡,画面中虚与实、主体与环境的交代就符合了主题意义的表达。

⑦至于画面右边部分多余的人物及画面的上下都可以进行适当的剪裁,如图 345 所示。这就完成了本例的制作。

用比较软的【历史记录画笔】工具,20% 的【不透明度】可将"绣球女"的脸部局部恢复

图 344

将图片中无关的部分剪裁掉以突出主体,求得画面主题内容的显现

图 345

47 杂志封面的制作

在参考了许多的杂志封面素材之后,我们有了一个直接的感受,就是文字缤纷、模特儿漂亮。但不知大家注意了没有,就是 90％以上的背景色都是比较简洁的,顶多还有一些过渡的渐变颜色,这样的封面应该说制作起来是比较简单的,但是美术文字的制作要求比较高,Ps 中图层样式的做工也有比较高的要求水准,而且要能把握众多的图层关系。

我们首先要做的是把一张封面的模特儿肖像用通道抠图的方法抠选出来,这一方法我们在学习通道基础知识的时候就已学习过,现在权当复习。

①打开这张漂亮的模特儿图片,如图 346 所示,再点击通道,感觉绿色通道有丰富的层次比较好。就将绿色通道拖拽到图层面版下方的〔创建新通道〕图标上,创建一个绿色副本(也叫 Alpha 通道),如图 347 所示。

图 346

图 347

②点击菜单中的〔图像〕→〔调整〕→〔反相〕命令,这时的黑白画面反差感觉特别好,如图 348 所示。遵循黑色去掉,白色留下的通道抠图原则,我们需要将人体内部填充为白色。这一步可多样化操作,你可以用磁性套索做出选区,也可以用快速选择工具勾出选区,如图 349 所示。但是要注意头发的发梢部分不要选。

③将前景色设置为白色,按快捷键 Alt＋Delete 为选区填充前景色,再按 Ctrl＋D 去掉选区。由于刚才做的选区没有羽化而出现了比较生硬的边缘,也为了更好地让背景吻合出被抠出的头发效果,用比较软的白色画笔笔刷将头发一圈细致的涂抹一下。

图 348　　　　　　　　　　　　　　　　图 349

　　④涂抹完之后，点按图层面版上的 ⊙ 图标〔将通道作为选区载入〕，这时画面上即出现通道选区的蚁形线。这时再点图层面版上方的图层，回到图层面版上来，双击背景层为其解锁，蚁形线依然存在，如图 350 所示。再点击图层面版下方的 ▢ 〔添加矢量蒙版〕图标。此时的画面就可以看到图像的背景变成了灰白相间的透明图层了，也就是说图像已被干净的抠了出来，如图 351 所示。

　　我们前面所做的就是将通道选区转化为蒙版的操作，这个简单的操作是十分有用的。

　　⑤上面抠图工作已做好了，下面将进行杂志封面的操作。使用右键点击图层面版上的蒙版部分，在弹出的菜单中点击〔应用图层蒙版〕，即去掉了蒙版。再在图层面版的下方点击 ▢ 〔创建新图层〕图标，即创建了一个新图层，这个新图层是用来做背景色的。我们调换图层 0 和图层 1 的上下关系将新图层 1 拖到人像层的下面，并激活为蓝色，如图 352 所示。

图 350　　　　　　　　　图 351　　　　　　　　　图 352

　　⑥设置前景色为封面的底色（这个底色事先就应考虑好），设好之后按 Alt＋Delete 键为图层 1 填充前景色，如图 353 所示。此时的画面我们就可以为它加上各种样式的杂志封面内容了。

　　⑦在界面中我们再打开早已准备好的封面主题内容，将文字标题一个个的拖到新的封面中去，关键是要注意图层的上下关系，这对学习图层关系也是一个极好的训练。我们将图层 1 的背景色图层置于最下方，将人物层置于背景色的上面，这样所有的文字标题都会出现在人物的上方。再拖入新做的画面，如图 354 所示。

图 353   图 354

⑧现在的画面已是一个多图层的画面,每一行文字标题都是一个独立的图层。在前面的课程中我们还学习过图层样式,将各种文字进行比如投影、描边、放大缩小等样式的美化,这些制作对我们来说已不是难事。但是要每个图层逐一的去做,最终的封面样式做好之后就如图 355、图 356 所示。

图 355

字体拖入后的状态

图 356

字体调整后的状态

48 金属质感字体的制作

①点菜单文件——新建,或按 Ctrl＋N,打开新建对话框,新建一个白色背景的文件,参数为 800×600,分辨率为 300,RGB 模式,如图 357 所示,按〔确定〕。

②在图层与通道的浮动面版上点击〔通道〕,再点击面版下方的〔创建新通道〕图标,即创建了一个 Alpha 1 的通道,此时画面为黑色,(表示透明)如图 358 所示。

③点击工具箱中的〔T〕文字工具,在这个通道中输入文字,(前景色为白色)字体最好是

华文行楷,点数以满屏为好,输好后按 Enter 键确认,即会出现带有蚁形线的白色字(通道选区字)。

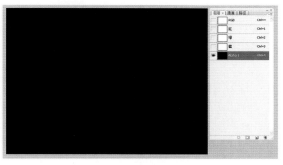

图 357　　　　　　　　　　　　　　　　　图 358

④按 Ctrl+D 取消选区,打开菜单中的〔滤镜〕→〔模糊〕→〔高斯模糊〕命令,在打开的〔高斯模糊对话框〕中将半径数值设置在大约 4.2 像素,如图 359 所示。

⑤按 Ctrl+M 打开曲线调整对话框,将曲线拉上两个来回,即会出现一种仿佛是描边效果的字形,如图 360 所示。(字体的模糊和字体的描边效果都是在 Alpha 1 通道上所做)

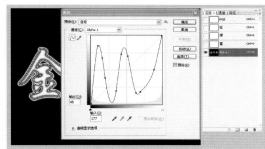

图 359　　　　　　　　　　　　　　　　　图 360

⑥这一步要做的是将这个做好的字形复制一份放置待用,确认是在这个 Alpha 1 通道上。

按 Ctrl+A 全选,再按 Ctrl+C 拷贝,按 Ctrl+N 新建文件,按 Enter 键确认,按 Ctrl+V 粘贴。

这一系列的动作就是将这个黑色背景的文字粘贴在新建的文件中,这个新建的文件是个灰色模式的 PSD 格式文件,按 Ctrl+S 打开存储对话框,就是将这个 PSD 格式的文件保存起来,给它设置在比如桌面上,文件名可以打上"金牌奖置换图",格式不要动,仍为 PSD 格式,按〔保存〕即可保存在指定的桌面上。

⑦按 Ctrl+W 即〔文件〕→〔关闭〕,即关闭了这个已经复制存储好的"金牌奖置换图"文件。

⑧我们刚才关闭了存储好的置换图文件,现在又回到了这个原来的文件上,要确认还是在这个原来的 Alpha 1 通道上,按 Ctrl+D 取消选区,在菜单中执行〔滤镜〕→〔扭曲〕→〔置换〕命令,打开置换对话框,这一步要做的是将金属字置换为质感更强的效果,在打开的对话

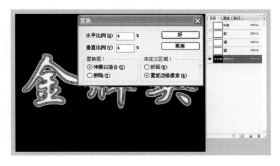

图 361

框中执行以下参数。

水平比例 4%，垂直比例 4%，其他的都不要动，如图 361 所示。按〔确定〕，这时会有一个"选择一个置换图"的对话框，如图 362 所示。在对话框里勾选出刚刚存储的一个 PSD 格式的"金属字置换图"再点击〔打开〕，画面中就出现了质感非常强烈的金属字的效果，这就是置换的效果图，如图 363 所示。

图 362

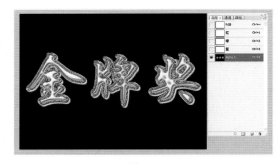

图 363

现在如果我们点击图层回到图层面版，会发现图层里什么也没有，如果点击通道，会发现这个金属字只是位于通道中的 Alpha 1 通道上，我们在图像中还是看不见它。在后面的制作中如果我们想给这个金属字做出冷或暖的颜色是不行的，因为它只是个灰色图，也不可能在灰色通道中去改变颜色，所以我们必须将这个 Alpha 1 复制到图层面版上。

⑨确认还是在这个 Alpha 1 通道上，按 Ctrl＋A 全选，再按 Ctrl＋C 拷贝，再点按通道上层的 Ctrl＋～，此时画面为全白色（因为什么也没有），再按 Ctrl＋V 粘贴，即有了金属字，也有了所有的通道效果，如图 364 所示。再点

图 364

按返回图层面版，也有了自动命名生成的金属字的图层 1，如图 365 所示。

图 365

图 366

⑩按 Ctrl＋U，打开色相/饱和度对话框，在对话框中点〔着色〕，再加大一些饱和度，将色相的滑块调到暖黄色（金色），完成后按〔确定〕，如图 366 所示。

⑪到此，我们已经做好了金属字的效果，闪亮的金属应当有一些发光的效果才对，我们再做一步，为它加上闪闪发光的效果。切换到画笔工具，设前景色为白色，按快捷键 F5 打开

画笔选项栏,点击右上角的小三角,在打开的子菜单中找到"描边缩览图",点〔混合画笔〕,再点弹出的对话框中的〔好〕,就可以在画笔栏中找到48♯闪光画笔,如图367所示。这个画笔的名称也就是"交叉排线4",即可在画面中需要加闪光的地方点击就可以加上闪光点,其实这也是用画笔画出的闪光效果。还可以使用左右中括号键来调节画笔的大小。

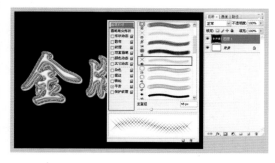

图 367

这里需要说明的是:这个闪光点的运用是在图层1上的,大小设置好之后再点"画",如图368所示。当然也可以事先另外加上一个图层再做闪光效果,以便修改,如图369所示。

图 368

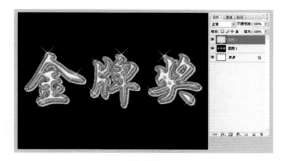

图 369

49 为字体插入纹理

有的同学问道:如何将我们自己喜欢的纹理、颜色或图案加载在字体里? 这个问题我们将从两个方面来说一下。

第一是做一个模版式的字体,将自己喜欢的任何画面及图案都可以加载在字体里,达到自己想要的效果,说明白一点就是合成纹理字。

第二是将自己喜欢的任何画面和图案都可以覆盖在字体上,可以在样式里加载,也可以做叠加,相对第一点来说机动性略差一些,而且操作还稍微麻烦一点。我们先说第一点:

①建立一个白色的横画幅的文件,用〔横排蒙版文字工具〕打出"纹理"两个字,以满画面显示为好,用编辑下的描边工具描边,设为2PX。(根据图像大小设置PX的多少)按〔确定〕,如图370所示。双击背景图层,按〔好〕解锁,再按回格键或Delete键掏空文字,然后取消选择,如

图 370

113

图 371 所示。

　　其实这就是建立了一个被掏空文字的模版。但是这个模版的字体内容是按我们所指向性的内容而建的，比如表示坚硬内容的字款、表示柔绵的内容字款。下面要做的就是用我们所要的纹理为字体填充，也就是上下的图层关系即可。

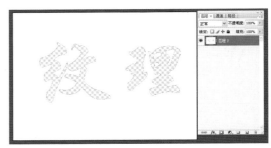

图 371

　　②打开木纹纹理图片，全选后拖入纹理图片中，这张网载的图片较小，可转换为智能对象放大，调整大小，再确立上下图层关系，木纹的纹理图片就显示出来了，如图 372 所示。

　　③用上述同样的方法，将大海边的资料图片拖入这张纹理模版，确立上下关系，就出现了我们想要的效果。还可以用〔自由变换〕的方式对大海的素材图片进行大小变换，左右拖动确立我们想要的部分图案，如图 373 所示。

图 372

图 373

　　④另外我们还可以新建一个空白图层，用渐变工具拉出渐变色来作为衬托图层。也可以新建一个空白图层填充前景色彩或背景色彩再进行合成。综上所述，什么样的纹理字我们得不到呢！

50 为字体填充纹理

　　①新建一个白色背景文件，600×400，分辨率为300（主要考虑字体边缘清晰一些），如图 374 所示。加上"纹理"两字样，以满屏显示为好，如图 375 所示。

　　②点击菜单中的〔图层〕→〔删格化〕→〔文字〕命令，此时图层面版中的文字层就已经被删格化了，也就是将文字图层转化为普通图层，可以在图层面版中看到字体以外都是透明图层显示，如图 376 所示。将文字图层转化为普通图层之后就不能再进行编辑文字属

图 374

性,但是可以像操作普通图层一样进行选取施加滤镜等操作。这些常识我们在前面关于为绘画作品添加印章的课程中已学习过。

这时的字体图层是单独的,我们用移动工具移动一下就会知道,它的白背景是显示了下面的背景图层,如果我们将背景层的小眼睛点掉隐藏背景图层就可以直观地显示了已经删格化的文字普通图层。

图 375

③首先用鼠标点击图层面版中"锁定"的第一个图标即〔锁定透明像素〕,再打开纹理图片素材,点击菜单中的〔编辑〕→〔定义图案〕,在打开的图案名称对话框中为纹理图片素材设定一个名称,比如"木纹素材1",按〔好〕。也就是说把这个"木纹素材1"设置进了图案库里,什么时候想用可以随时调出来使用。

④点击〔编辑〕→〔填充〕,打开填充对话框,在自定图案中选中刚刚存储进图案库的〔木纹素材1〕,按〔好〕,即在纹理字体中填充了〔木纹素材1〕的纹理,如图 377 所示。这里还要提示一下,如果没有按〔锁定透明像素〕即会填充整个画面,这一步要弄懂原理。

图 376

其实,像这样的填充方式可做的方法有好几种。比如点击使用〔图案图章工具〕属性栏目中即会有图案选项可选,打开图案库里面也会有存储的〔木纹素材1〕,选中它即可用图案图章画笔将纹理字体涂上纹理颜色。

也可以使用〔油漆桶工具〕,将属性栏目中的〔图案库〕打开选中〔木纹素材1〕,直接用"油漆桶"即可在纹理字体上填充选中的〔木纹素材1〕的颜色。如果将属性栏中的"连续"勾号去掉,一次即可填充完毕。

图 377

图案库里的图案可以事先追加,也可以在界面中将打开的图片追加在图案库里,点〔编辑〕→〔定义图案〕→〔图案名称〕即可。

115

51 皮肤处理之——去黄，加红润、美白

打开一张原照图片，正常的拍摄情况下图片呈现这样的效果再正常不过了。我们这里的操作主要为颜色的处理，其实对图片第一步处理就是最基本的颜色处理。比如将图片去黄，加一些红润的效果，再白皙一点等等。

首先在图层的浮动面版上按下方的 ◑ 图标〔创建新的填充或调整图层〕，在弹出的子菜单中点击〔曲线〕调整对话框，首先要根据图像的明暗效果，比如我们打开的这张图片，先在RGB通道上调一下亮度，让图像中姑娘的脸白皙一些，如图378所示。再继续按通道右边的小三角，打开蓝色通道，用鼠标按住曲线中部，让曲线向上调一些，大家知道黄和蓝是互补色，向上调动就是去黄加蓝，这就是去黄的处理。这时人物的脸部有些泛蓝的效果，如图379所示。

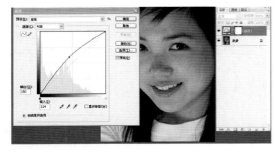 

图 378　　　　　　　　　　　　　　　图 379

下面我们再进行红润的处理，还在这个曲线对话框中打开红色通道，继续如上的操作向上调动一些，这时会发现蓝色效果消褪，人物皮肤变得红润起来。操作完这三项后点击〔确定〕按钮，我们再比较一下两张图片调整前后的效果是大不一样的。

接下来根据图片的效果，我们还可以再在图层面版上做进一步的调整。打开〔亮度/对比度〕对话框，调整亮度滑块，达到我们需要的美白效果，这个数值不要太高，不然会有曝光过度的感觉。完成后按〔确定〕，这样的图片就进行了去黄，加红润、美白的处理。对比之下再看一看，是大不一样，这就是最基本的处理方法，如图380、图381所示。

有一点要说明的是，这些步骤的处理都是在填充调整层中进行的，每一步都可以说是一个单独层面，觉得不好可以删除，做到最后觉得哪一层还要修改还可以双击一下再继续调整，这就是调整层的一大长处。

图 380　　　　　　　　　　　　　　　图 381

52 皮肤处理之二——磨皮效果的运用

　　这是一幅在车展上拍摄的美女图片,可能镜头锐度太好了,美女脸部的皮肤质感显示出比较粗糙的感觉,这就需要将皮肤润化一些,做与不做效果肯定是不一样的,如图 382 和图 383 所示。下面我们就用磨皮法来制作这个范例。

　　①打开这幅需要制作磨皮的美女图像,按 Ctrl+J 将当前的图层复制为图层 1,如图 384 所示。

图 382

磨皮之前

图 383

磨皮之后

②按菜单中的〔滤镜〕→〔模糊〕→〔高斯模糊〕命令,打开高斯模糊对话框,将复制的图层用〔高斯模糊〕做一下,设置模糊半径为 5 或是 6PX(这要视图像像素大小数值而有所不同),如图 385 所示。

③执行菜单中的〔图层〕→〔图层蒙版〕→〔隐藏全部〕命令,如图 386 所示。此时就在图层 1 上添加了一个全黑的蒙版,同时工作界面上的模糊状态消失。这是因为黑色图层蒙版将图层 1 隐藏,该图层已经变成了一个全透明的状态,所以现在看到的是背景图层。

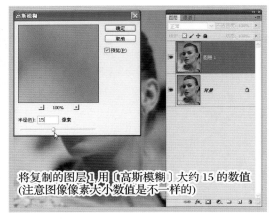

将复制的图层 1 用〔高斯模糊〕大约 15 的数值
(注意图像像素大小数值是不一样的)

图 384 图 385

④现在使用画笔工具,笔刷设置到最软的状态,设不透明度为 20% 左右,设前景色为白色。

⑤这一步要用软笔刷在脸部反复涂抹,人物的眼睛、眉毛、嘴唇、头发等都不要涂到。这项操作要花费一定的时间,我们可以称这一步叫〔磨皮〕,磨的时间越长,效果越好。直到人物脸部的斑点都去掉,这也叫好事多磨吧,如图 387 所示。如果想看到蒙版上被"磨"的效果,可以按住 Alt 键点击图层面版上的黑色蒙版部分就能看见被"磨"的效果,要返回亦同样按 Alt 键即可返回,如图 388 所示。

模糊之后要加上蒙版并隐藏
——执行这一步即可

用 25% 左右的〔不透明度〕和较软的〔画笔〕
工具慢慢地磨吧,这一步要有足够的耐心

图 386 图 387

⑥磨皮工作做好后,可用右键点击蒙版区域,在弹出的菜单中点击〔应用图层蒙版〕,即去掉了蒙版,在图层 1 上会看出人物脸部的轮廓和透明部分,这就是使用画笔工具在蒙版上涂抹过的效果显示,如图 389 所示。如果还有大一些的痘痘没有磨掉,可以使用修复画笔工具再修复一下。完成后按 Ctrl＋E 向下合并图层,再按 Ctrl＋M 打开〔曲线〕命令对话框,向

上稍稍调整 RGB 曲线,使人物的皮肤白皙一些,按〔确定〕。

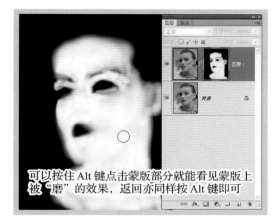

可以按住 Alt 键点击蒙版部分就能看见蒙版上被 "磨" 的效果,返回亦同样按 Alt 键即可

图 388

磨皮完成之后 "应用图层蒙版" 的效果

图 389

　　⑦在嘴唇上做选区,用多边形套索工具将嘴唇选出来,还可以考虑使用快速蒙版将选区做得更加精细。如果画面中有笑露的牙齿就再用减选区的方式将嘴唇内部减去,可以在菜单下的〔选择〕→〔修改〕中追加〔羽化〕2 左右的数值,如图 390 所示。再打开〔色相/饱和度〕或者〔色彩平衡〕将嘴唇选区加红一些后按 Ctrl＋D 去掉选区,如图 391 所示,即完成本例制作。

将嘴唇勾出选区, 在〔选择〕→〔修改〕中追加〔羽化〕值

图 390

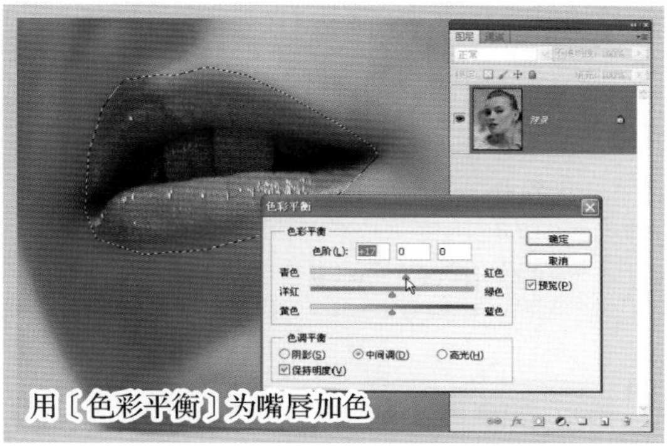

用〔色彩平衡〕为嘴唇加色

图 391

　　其实我们在对图片做磨皮之前,图片就应当作一些前期的修整,比如比较大的斑点、痘痘和雀斑,都可以事先用修复画笔工具修理一下,剩下的细部瑕疵用磨皮的方法磨一下,就不会花费太多的时间,效果会更好一些。

53 皮肤处理之三——通道柔化效果

　　这第三种皮肤处理效果是使用通道来进行柔化的方法。首先我们打开这幅外国美女的图片,细看脸部的疙疙瘩瘩显得比较粗犷,这就需要我们给她美容一下了。

①在这幅图片的基础上,将它设置一个副本图层,我们用鼠标按住它拖到图层面版下方的〔创建新的图层〕图标上,创建一个背景副本层(确认为蓝色工作层),如图392所示。然后点击通道,在打开的通道层上点选红色通道,如图393所示。

图 392   图 393

②第二步按下键盘上的 Ctrl 键不要松开,再次点击已经选中的红色通道,此时的画面是黑白的,有大量的蚁形线在闪动,这是选中了面部的通道选区,如图394所示。这时再点击 RGB 彩色通道,如图395所示。

图 394   图 395

③点图层返回到图层面版,在菜单中点击〔滤镜〕→〔模糊〕→〔高斯模糊〕命令,在打开的高斯模糊对话框中设置半径参数,以达到我们需要的柔化效果,这个半径参数不能太高,否则会使画面失真。我们在〔预览〕选项上打上勾号,拉动半径的滑块测试一下,可以多试试效果,调整一个自己认为合适的参数(因为以后我们在做其他图片的时候,图片像素大小是会有不同的数值参数,不能完全套用这里的参数),我们这里设置为9.2参数,如图396所示。按〔确定〕完成高斯模糊的设置。

④下一步按 Ctrl+D 取消选区,这时我们可以看见经过选区局部高斯模糊的画面已经柔滑了很多,但是同时我们也丢失了很多细节,比如头发部分的质感也变得很柔滑,下一步要做的事就是来恢复这些细节的质感。首先要确定是在这个经过模糊的副本图层,点击图层面版下部的〔添加图层蒙版〕按钮,为图层副本添加一个图层蒙版,如图397所示。

⑤这一步的操作就是用黑色的软画笔(设置前景色为黑色),时刻注意调整画笔的大小,在人物的睫毛、嘴唇、眉毛、头发、衣服部分进行细致的涂抹,就可以将原图片的细节质感部分重新地显示出来。(注:这个操作就是对蒙版进行黑色画笔的涂抹,将原始图片上的清晰部分显现出来的操作,黑色即透明。透出下面的图像,没有进行黑色涂抹的地方仍然保持了模糊值的效果如图398所示。)

图 396

图 397

图 398

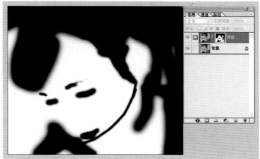

图 399

我们在进行涂抹的时候也可以随时查看黑画笔涂抹的效果,比如左手按住键盘上的 Alt 键,同时点击图层上的蒙版部分,就可以显示出如图 399 所示的黑色描绘情况。如果涂抹的部分有遗漏,还可以更加细致的补充涂抹上去,再次按住 Alt 键点击蒙版返回到图片中去恢复到正常的浏览状态。这时我们可以发现除了皮肤部分柔嫩细腻之外,其他部分都已恢复到原始状态,而且我们使用的是通道模糊的方式,(可以点通道查看 Alpha 通道,如图 400 所示)对图片的质量是没有损伤的,原来该有的细节部分都还存在,这样就使图片更加真实,而不是像打上了一层厚厚的粉那样。

　　⑥到此,通道柔化就已基本上做好了,但是人物的脸部还有一些比较大的瑕疵部分,我们还需要稍稍再修理一下。现在必须先把蒙版去掉,用右键点击背景副本的蒙版部分,在弹出的子菜单中再点〔应用图层蒙版〕即去掉了蒙版,如图 401 所示。此时再用修复画笔工具把稍大一些的瑕疵部分修复即可。最后合并图层,如图 402 所示。再去看一看我们前后的制作效果那就大不一样了,如图 403 所示对比图。

图 400

图 401

图 402   图 403

54 设置林中光线效果之一

①打开一张逆光拍摄的图片,将要制作一个太阳光穿过树林产生的光柱效果,先设置一个背景副本图层。

②再按图层面版下方的〔创建新的图层〕图标,设置透明的图层 1,设置前景色为白色,使矩形选框工具在画面上建立一个选区〔竖长形〕,如图 404 所示。这个选区是建立在空白的图层 1 上的,然后用油漆桶工具对选区填充为前景色〔白色〕,再按 Ctrl+D 取消选区。

③执行〔滤镜〕→〔模糊〕→〔高斯模糊〕的命令,打开高斯模糊对话框,设置半径 20～25PX,按〔确定〕,此时白色的矩形条已呈现很模糊的虚化状态,如图 405 所示。

④使用〔自由变换〕命令,在自由变换的选区内点右键设置为〔斜切〕或〔扭曲〕,将这个白色的选区设置成一头大一头小光柱的模样,调整合适的大小和位置,如图 406 所示。

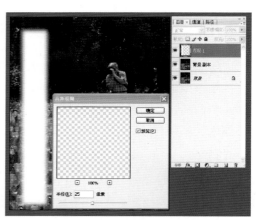

图 404   图 405

⑤这一步将做好的光柱再复制出 2 或 3 个,复制的手法是使用〔移动〕工具,再按住 Alt 键拖动即可。每个都是单独的图层各代表一个光柱,将每个光柱都用上述自由变换的方法设置好,(注意图层的切换)做好之后如图 407 所示。按 Ctrl+E 向下合并,将这几个光柱合并为一个图层,再设置图层面版上的混合模式为〔柔光〕或〔叠加〕,如图 408 所示。

图 406　　　　　　　　　　　　　　　　图 407

如果觉得这几个合并在一起的光柱太亮的话,还可以使用图层面版上的不透明度来调节亮度的大小,达到一种视觉上的真实感。

⑥选择背景副本激活,执行〔滤镜〕→〔渲染〕→〔镜头光晕〕的命令,在打开的对话框中设置数据,亮度为 125％,镜头类型为 50～300 变焦,注意光照点的设置,按〔确定〕,如图 409所示。

(这里有个小提示,就是在图层 1 光柱图层上是做不出来光晕效果的,所以要激活背景副本层来做。)

图 408　　　　　　　　　　　　　　　　图 409

⑦选择图层 1,〔光柱层〕为图层添加蒙版,选择画笔工具和较软的笔刷,设前景色为黑色,调整属性栏上的不透明度为 25％左右,将画面中高光的光柱可以适当的涂抹掉一些,显得更加真实自然,如图 410 所示。

⑧再选择背景副本,打开〔色阶〕,适当调整〔亮度与对比度〕,最后合并图层即完成本案例的制作,如图 411 所示。

图 410

图 411

原片为未工摄影

55 设置林中光线效果之二

南京中山植物园的红枫岗是驰名中外的园林,每到深秋,火红的枫叶吸引了大批的中外游客。可是未到深秋,林中的红枫树还是一片绿色,没有秋意的火红,此时拍摄的图片当然没有意境。为此,我们在 Ps 的制作中为绿色的枫林加上光线射进来的效果,再将绿叶做成红叶,加强了秋天的意境,也活泼了画面,更加强了摄影的艺术效果,如图 412 和图 413 所示。

①打开一幅在红枫岗拍摄的《林中少女》图像,点击图层面版中的通道,在打开的通道中,按住 Ctrl 键,点击蓝色通道,就会将选区载入 B 通道,可以看见画面中凡是高于 50%亮度的地方都被选区选中有蚁形线在闪动,如图 414 所示。

图 412　南京红枫岗原片

图 413　加林中光线效果

②回到图层面版中激活背景层，执行菜单中的〔图层〕→〔新建〕→〔通过拷贝的图层〕命令，(也可以直接按 Ctrl＋J 来复制图层 1)在图层面版上新建一个图层 1(提示：这个新建的图层 1 是个带有选区的看上去是透明的图层，而不是图层副本)，如图 415 所示。

图 414

图 415

③执行菜单中的〔滤镜〕→〔模糊〕→〔径向模糊〕命令，打开径向模糊对话框，设置〔缩放〕效果，数量为 100，缩放中心点设在右上角，如图 416 所示。按〔确定〕退出径向模糊，此时已看见在画面中产生了自右上角射来的光线效果。如果光线投射的不是很明显，还可以将图层面版中的图层 1 再拖到下部的〔创建新的图层〕图标上再复制一个光线图层，这两个光线层加在了一起应当是足够表现阳光的投射效果了，而且光线投射非常明显，如图 417 所示。

下面再选择〔图层〕→〔向下合并〕命令，合并了这两个光线图层，再将光线图层的〔混合模式〕设为〔变亮〕，此时可以看见树林中的高光部分都已还原了亮点，如图 418 所示。

图 416

图 417

④点击图层面版下方的〔添加图层蒙版〕图标，为光线图层添加了一个蒙版，点出画笔工具，设前景色为黑色，100％的不透明度，设置相应大小和较硬的笔刷，为人物和树木涂抹去闪光留出的光柱线条。(这一步要较为细心的涂抹，可将图片放大去做，有图层蒙版在，可以放心大胆的涂抹，因为可以变换黑白前景色来涂抹的更加细致。)在涂抹中我们还可以按住 Alt 键点击图层面版上的蒙版部分来查看涂抹的黑白效果，返回也是按住 Alt 键再点击即可返回，如图 419 和图 420 所示。

图 418　　　　　　　　　　　　　　　　图 419

　　⑤下面我们想把背景中的绿叶变为红叶,在蒙版中是黑白灰的概念,所以必须再复制一个有选区的图层,需要再做一步。这一步将背景层激活为蓝色,用鼠标按住背景层拖到下放的〔创建新的图层〕图标上复制一个背景层副本,按住 Ctrl 键单击上面光线图层的蒙版区域〔载入蒙版选区〕,为背景副本加上一个选区,再点击图层面版下方的〔添加图层蒙版〕图标,为背景副本再加一个图层蒙版(这一步我们可以理解为将上面涂抹过的现成的选区复制到下面的背景副本来)。这时选区的蚁形线消失,也形成了背景副本层的效果样式,如图 421 所示。

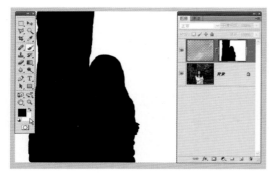

图 420　　　　　　　　　　　　　　　　图 421

　　⑥再点击图层副本左边的图层,形成图层外框,就是退出蒙版编辑状态(编辑外框转到左边图层来了,也就是说背景副本脱离了蒙版编辑状态)。上一步我们做的比较复杂,但要明白一个道理,就是在蒙版编辑状态是做不出色彩来的,图层副本的小外框在哪里很重要。这一步我们做色彩,打开〔色相/饱和度〕,调整色相使画面的树叶为红色,再适当的加大一些饱和度,如图 422 所示。满意后按〔确定〕,退出色相饱和度编辑。

　　⑦背景的颜色做好之后,点击图层 1 光线图层的蒙版区域,重新进入图层 1 的蒙版编辑状态(我们要在这里减低光线的光照度)。还是使用〔画笔〕工具,设前景色为黑色,调出一个较软的笔刷,〔不透明度〕大约 40%,去涂抹树林中阳光射出较为强烈的部分,就是将林中强光适当减弱,使画面真实自然,如图 423 所示。

　　⑧这样林中光线的效果就已经做好了,图中既是逆光的光线,我们还可以使用滤镜加上一个光晕的效果会更好。现在我们合并所有的图层,然后将锁定的背景层拖拽到图层面版的下方〔创建新图层〕图标上给背景层加上一个副本,在这个副本上做光晕。

图 422　　　　　　　　　　　　　　　　图 423

⑨确定工作层在这个图层副本上,执行〔滤镜〕→〔渲染〕→〔镜头光晕〕命令,在打开的对话框中设置 100%亮度,(50～300) mm 变焦效果,按住中心发光点设置在右上角,按〔确定〕。如果觉得光晕效果太强烈,可在菜单的〔编辑〕下拉子菜单中找到〔消退光晕效果〕,稍稍退一点即可,如图 424 所示。还可以将图层的〔不透明度〕减低到大约 70%左右,如果觉得树干上有光晕效果产生的光环不好看,也可以用低透明度的〔橡皮擦〕工具擦掉一些即可,最后合并图层完成本例制作,如图 425 所示。

图 424　　　　　　　　　　　　　　　　图 425

56 《城南早点》的制作

这一节是利用滤镜中径向模糊的效果来制作太阳光直射出的光柱效果,因为在摄影中讲究的就是光和影的效果,有时一幅简单的图片很不上眼,经过光影效果的添加会变得很神奇,下面我们就来实地制作一幅添加光线的效果。

①打开这幅《老城南早点铺》的图片,点击面版中的通道,按住 Ctrl 键在打开的通道中点击蓝色通道,可见画面中凡是高于 50%亮度的地方都被选区选中,如图 426 和图 427 所示。

②点击回到图层面版中〔激活背景层〕,再点击菜单中的〔图层〕→〔新建〕→〔通过拷贝的

图片〕,也可以直接按 Ctrl+J 来复制图层 1,这个新建的图层 1 应当是一个带有选区的透明层,而不是图层副本,如图 428 所示。

图 426

图 427

图 428

③选择〔滤镜〕→〔模糊〕→〔径向模糊〕命令,设置缩放效果,数量为 100,中心放射点设置在最右上角,按〔确定〕退出径向模糊,如图 429 所示。

④如果看到画面中阳光投射的效果不是很明显的话,还可以将含有光柱效果的图层 1 再拖向图层面版下方的〔创建新图层〕图表上,就是再复制一个图层 1 的副本,就会看见画面中又加大了阳光投射效果,如图 430 所示。然后选择合并这两个光线图层。(如果一次光线很明显就不必再加)下面再将光线图层的〔混合模式〕设置为〔变亮〕,此时可以看见画面中的高光部分都已还原了亮点。

图 429

图 430

⑤这一步将要涂抹掉人物身上的光柱效果。点击图层面版下方的〔添加图层蒙版〕图标,为光线图层加上蒙版,再选用画笔工具,设前景色为黑色,100%的不透明度,设置相应的笔刷大小和软硬,为人物涂抹去闪亮的光柱线条。这一步应当很细心的去涂抹,可以将图片放大了去做。因为好与不好,真实不真实都在这种很关键的步骤中,如图 431 所示。

⑥光柱的效果已基本成形,我们还可以锦上添花,再来做一个逆光拍摄下光晕的效果,这一步看

图 431

似无关紧要，但是光晕中的光环也能美化画面，起到光影效果。

激活背景层为蓝色，用鼠标按住背景层拖到图层面版下方的〔创建新的图层〕图标上复制一个背景层副本，执行菜单中的〔滤镜〕→〔渲染〕→〔镜头光晕〕命令，在打开的对话框中设置 100％亮度，(50～300) mm 变焦效果，注意发光点设置在右上角，按〔确定〕，如图 432 所示。

设置好之后如果觉得有些地方太亮，还可以点编辑中的消退效果，来达到满意的程度，如图 433 所示。

图 432

图 433

原照《城南早点》 韩乃义 摄

57 给衣服换图案和颜色

这是一例使用剪贴蒙版和图层混合模式给衣服换颜色和图案的制作范例。

①打开图片，给衣服做出选区，可以借助快速蒙版将选区做得细致一些。

②在有选区的基础上按 Ctrl＋C 拷贝，按 Ctrl＋V 粘贴，将选区拷贝出一个新的图层，在图层面版上就形成衣服选区模样的图层 1，如图 434 所示。

③打开衣料图案素材片，将衣料图片全选，按 Ctrl＋C 拷贝，再切换到人物图片按Ctrl＋V 粘贴，就将衣料图案合成在人物图片中去了，如图 435 所示。

④点击菜单中的〔图层〕→〔创建剪贴蒙版 Alt＋Ctrl＋G〕，这时在图层 1 的字符下面有一道横线，它和衣料的图层 2 就会合了剪贴蒙版，

图 434

原作 郑苏英 摄

129

此时我们就可以改变它的混合模式。点击图层面版上的〔混合模式〕,在下拉的子菜单中点击〔叠加〕,就将上层与下层之间创建了色彩图案的混合运算效果。在这个基础上,我们还可以多多尝试混合模式下的其他各种运算结果,会有出其不意的视觉效果。

⑤如果用 Ps CS－3 以前的版本,比如Ps7.0,可在图层中使用(与前一图层编组),这和 CS－3 中的〔创建剪贴蒙版〕是一样的效果。

要提醒注意的是,淡颜色的衣服由于在混

图 435

合运算时上下层的关系得不到掩盖,所以混合效果不会很理想,如图 436、图 437、图 438 所示的几种效果。

图 436　正片叠底效果　　　　图 437　柔光效果　　　　图 438　亮光效果

58　滤镜中设置黑烟、白雾效果

这样的效果主要为滤镜模式加上图层混合来达到的黑色烟雾和白雾的效果。黑色烟雾是留黑不留白的特点,以此来突出烟雾的特技效果。而白雾则是留白不留黑的特点,操作过程都大致相同。

①打开一张消防的图片,点击图层面版下方的〔创建新图层〕图标,创建一个新的图层1,将色盘设为上黑下白的默认值效果,如图 439 所示。

②执行〔滤镜〕→〔渲染〕→〔云彩〕命令,如图 440 所示,使画面上有了满画面的乌云效果,如图 441 所示。这是做在图层 1 上的效果,点击图层面版上的〔混合模式〕,在下拉的菜单中设置〔正片叠底〕,如图 441 所示。这样的画面就进行了留黑不留白的效果,感觉是满画面的黑色烟雾,火灾现场气氛浓烈,如图 442 所示。

③按 Ctrl＋E 向下合并,即完成本案例制作。

④设置白雾的操作方法和上述基本一样,但设置是相反的,在这里的操作是留白不留黑的方法,是通过〔滤色〕的混合模式来达到效果。滤色即滤去黑色留下白色,如图 443 和图

444 所示。

提示：不管是黑烟还是白雾都是一个单独的图层，在没有合并之前都可以通过〔自由变换〕来变换黑烟或白雾的位置以及大小，如图 445 所示。还可以利用〔高斯模糊〕来设置黑烟或白雾的虚幻程度，如图 446 所示。在黑烟的设置上要注意的是画面不能过亮，不然会失去一种现场气氛感，可以用色阶降低亮度。

（1）设置黑烟效果图

图 439　　　　　　　　　　　　　　　图 440

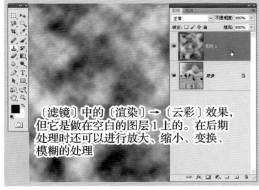
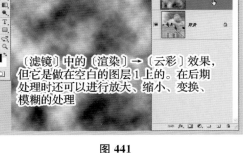

图 441　　　　　　　　　　　　　　　图 442

（2）设置白雾效果图

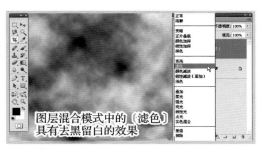

图 443　　　　　　　　　　　　　　　图 444

可以使用〔自由变换〕来放大、缩小或翻转具有
单独图层的视觉效果

图 445

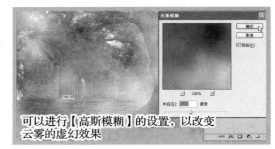

可以进行【高斯模糊】的设置，以改变
云雾的虚幻效果

图 446

59 数字图片的自我版权保护及水印制作方法

　　便于复制的数字图片是网络时代的一大特点，可以利用软件对图片进行修改加工来达到自己的意图，但是同时也给侵犯数字图片的版权打开了方便之门。我们不但要上网交流图片的拍摄心得与听取一些不同意见，也要保护自己的数字图片不受复制侵权所害。

　　数字图片由像素组成，像素的色彩和亮度等都被以数字编码方式记录存储。对于拍摄形成的原始数字照片而言，这些编码数字之间有着特定的逻辑关系，而一旦照片被改动，这些数字编码的逻辑关系也会出现改变。当然，这要通过相关软件或技术来确认。我们这些普通的摄影者应该通过一些方法来保护自己的作品，防止被非法复制侵权。至少要做到被非法侵权时有恰当的凭据来举证是自己的作品，从而保护自己的权益。

　　一般来说可以有两种简单的方法来保护自己的摄影作品：一是为数字照片加水印，以前的旧版本 Ps 软件有的有水印功能，现在一般要正版软件通过注册才能够发挥该功能。所谓的〔水印〕就是在画面中嵌入摄影者指定的内容，可以是字母或文字等，也可以是图案加文字，水印的大小多少及疏密都可以由作者自己来决定，如图 447 和图 448 都是用文字加图案所做的水印方法。

图 447

《龙飞凤舞》　何布　摄

图 448

《美丽的家园》　奚永明　摄

　　加水印的好处是可以确保照片不被随意使用,即便被非法使用了也很容易被发现(不署作者姓名亦不声明即可被认定为非法使用)。如果使用者保留水印,这等于是掩耳盗铃,要么修改水印部位也会造成麻烦,而且会暴露修改痕迹,所以说水印对照片的保护性很强。

　　制作方法多种多样,最简单的方法就是使用文字工具打上自己认可的文字,同样可以起到水印效果,图447是使用图案加文字,直接做好用PSD格式保存待用,可以很随意的拖入画面中,调整大小和放入的部位,再使用图层面版上方的〔不透明度〕降低到大约50%,最后合并图层,既不影响美观,也可以防止他用,图448是直接在画面上打出文字,以作者的姓名第一个字母拼合,再用图层样式做一个美化,再将不透明度降低到50%,放入到不易修改的部位,只要不明显影响观看效果就可以。

　　除了文字可以使用,在工具箱的〔自定形状工具〕里也有很多的图案可以参考使用,有花草、风雨雷电图形、多种树叶形状、手印、脚印、电话、皇冠应有尽有,可以做成彩色,也可以做成黑白,都可以使用不透明度来达到自己的要求。要注意的是做标记的位置至少有1～2个是难以修改和复制的地方。

　　第二种方法就是在拍摄时对图片适当的留有余地,构图不要过于紧凑,说得明白一点就是通过少量的剪裁拿出我们的摄影作品。这样经过剪裁的图像和原稿的关系就像古代的虎符一样,只要和原始图像拼合就可以做到天衣无缝,这无疑是图像版权发生纠纷时最有力的证据。就是照片的内容由大剪裁到小很容易,而被剪裁过的照片若盗用者再将它恢复到未被剪裁时的原样是不可能的。就是任盗用者电脑修改技术再高明,也无法将被剪裁掉的内容凭空捏造出来。所以对比较珍贵重要有价值的数码照片只要做好前期的稍加剪裁工作,也就是等于做好了相关版权保护的前期工作,如图449所示为原始照片,图450所示为《发球瞬间》的摄影作品即为一例。

图 449

图 450

《发球瞬间》 奚永明 摄

　　通过以上说明,数码照片尽管没有底片,不等于摄影者无法证明自己是照片的原作者。所以我们最好将拍摄到的第一手原始图像资料存储备份。而用复制品来做图(这些其实都是一样的),不管水印也好,剪裁也好,都是为了自我的版权保护。相信大家都会做好这些前期的保护工作。图451所示是自制的一些水印(可以做成PSD格式保存备用)。

图 451

60 使用图层混合模式与蒙版抠取头发的效果

在抠取头发的操作中,我们前面学习过使用通道来达到这样的目的,其实抠取头发的方法很多,这一节的操作主要依靠图层混合模式和蒙版来抠取头发。

①首先打开一幅美女素材图片,将该图像复制两个副本。为了观察抠图后的背景,我们在背景副本的下方创建一个新的空白透明图层,并将这个图层1用渐变工具拉出渐变颜色,如图 452 所示。

解释第一步的做法:为什么要在背景副本的下方创建这样一个图层1呢? 因为待会儿要对图层副本进行涂抹,涂抹后露出的就是下方的图层,因为下方是背景层,无法直观地显示涂抹的迹象与效果,所以要建这样的一个图层1,并用渐变色彩来显示涂抹后的效果。

②点击副本 2 的小眼睛隐藏副本 2,选中背景副本〔激活为蓝色〕,再点击下方的〔创建新图层〕图标创建一个空白图层 2,如图 453 所示。

图 452

解释第二步的做法:为什么又要建这个图层 2 呢? 按图层蒙版抠图的原理,如果是黑色的头发,我们就要把背景变成白色,把本来不是白色的背景变成白色,我们可以选择混合模式中的

"颜色减淡"模式,所以要创建这个图层 2。

　③下面要做的是〔图层 2 激活为蓝色〕使用吸管工具,点选吸取背景副本的背景色,将吸取的颜色显示在前景色盘上,按 Alt+Delete 键填充前景色。再按 Ctrl+I 反相处理,并将该图层的混合模式设置在"颜色减淡"上,此时的效果如图 454 所示。背景与头发都达到了我们想要的效果。

　④将图层 2 与下面的背景副本合并,再将混合模式设置为"正片叠底",如图 455 所示。这个模式我们可以简单地概括为留黑不留白,所以在这个图中我们发现白色已经没有了,留下的是黑色的轮廓和背景的底色。(在这一节

图 453

的操作中有个问题要解释一下,就是图层 2 与下面的背景副本合并,在 7.0 的版本中可以是向下合并,在 CS-3 的版本中可以按 Ctrl 键点中两个图层,按右键在菜单中选择合并图层。)

图 454

图 455

　⑤下面选择背景副本 2,将小眼睛点出来为可见图层,激活为蓝色,如图 456 所示。点击图层面版下方的〔添加图层蒙版〕图标,对该图层添加一个合成蒙版。选择画笔工具,设前景色为黑色,选项栏目中的不透明度为 100%,在蒙版上人物的外围部分进行涂抹。可以快速的涂抹,效果如图 457 所示。当涂抹到临近人物边缘的时候,我们将不透明度设置的小一些,大约 35%左右,在人物边缘细心的涂抹,如果我们按住 Alt 键点击图层蒙版部分,就会发现涂抹的效果如图 458 所示。

图 456

涂抹完成后,露出的是图层 1 的渐变颜色。我们可以在图层 1 渐变色的上面加上一个风光图片就会更好的显示出抠图完成后的效果。

⑥打开一幅背景素材图片,将它按 Ctrl＋A 全选,按 Ctrl＋C 拷贝,切换到人物图片中按 Ctrl＋V,将拷贝的背景素材图片粘贴到图层 1 的上面一格,如图 459 所示。

如果背景素材图片大小有别,可以用〔自由变换〕工具调整。

如果觉得人物的边缘部分在涂抹上有什么欠妥的地方,还可以点击回到背景副本 2 的蒙版上用白画笔和黑画笔交替修复,边缘细部可以放大了去涂抹。

图 457

图 458

图 459

如果觉得人物与背景有些色差,待蒙版修复完成后点击〔图层副本 2〕的图像图层缩略图,打开〔色相/饱和度〕或〔色彩平衡〕来调节颜色即可。

61 使用图层混合模式与蒙版抠取透明婚纱的效果

在这一节的抠图中主要讲使用图层蒙版与混合模式来制作透明婚纱的方法。打开这张室内拍摄的婚纱图片,看这幅图片的边缘关系很好,要把这张图片抠出来很容易,唯独就是婚纱的透明部分,不但要透明的展示出来,图片上还带有室内摄影中偏黄颜色部分,因为这些因素,就要把这张图片分为人物和婚纱两个部分来做。

①为了能直观地看到抠图后的效果,我们先置入一张风光图片放在这张婚纱图片的下

方,点击菜单中的〔新建〕→〔置入〕,在打开对话框的〔查找范围〕里找到风光素材片的位置选中,点击右下角的〔置入〕,如图 460 所示。在这张置入的风光片素材上本身就带有一个自由变换的节制点和叉叉,这是〔智能对象〕的特色,我们就用自由变换的方法将风光素材片变换成婚纱人物图片的大小,双击退出自由变换。

②将背景图层拖拽到图层面版下方〔创建新图层〕的图标上,为背景图层复制出两个背景副本并将风光图片层置于两个副本的下方,如图 461 所示。

图 460   图 461

③现在考虑要将婚纱部分抠出来,选择背景副本 2,〔激活为蓝色工作层〕先将它去色,点按快捷键 Shift＋Ctrl＋U,再把婚纱部分做个选区,其实只要婚纱的这一片即可,其他的部分都要变为黑色——即透明的意思。做选区的工具很多,我们选用比较方便的快速选择工具为婚纱的透明部分做个选区,放大了可做得比较细致一些,如图 462 所示。

做好之后,点击图层面版下方的〔添加图层蒙版〕为背景副本 2 添加一个蒙版。这时可以看见在图层副本 2 的蒙版上选中的部分为白色,其他的部分均为黑色,如图 463 所示。如果做的不细致,还可以用画笔工具做细致化的修理(确保在图层副本 2 的蒙版上,可以用 X 键切换黑白前景色)。

图 462   图 463

137

④这些婚纱的透明部分〔蒙版〕修理完成之后，我们再来做人物部分的选区。点击图层副本，在这一步的抠选中，我们要把人物保留下来将背景去掉，意即在图层副本的蒙版中人物为白色，背景为黑色。还是使用快速选择工具将人物都选下来，如图 464 所示。

⑤再为图层副本添加一个蒙版，这时就可以看见背景下面的风光图片层已显现出来。但是人物的直观部分也显示出了选区中不太细致的地方，还是可以将图片放大了之后用画笔工具变换前景色来修理，前景色白色为将人物显示出来，黑色为去掉，但必须是确认在图层副本的蒙版上。修理中，有些不太直观的地方可以用 Ctrl＋I〔反相〕的方法显示出来修理，如图 465 所示。

图 464　　　　　　　　　　　　　　　图 465

⑥剩下来的问题就是如何让婚纱部分透明出来。按住 Ctrl 键单击背景副本 2 的蒙版部分就会显示副本 2 的蒙版选区，因为婚纱透明部分的选区在副本 2 的蒙版上。但是先要把背景副本 2 的小眼睛点掉让其成为隐藏图层，隐藏背景副本 2 的目的是为了直观地显示背景副本上被背景黑色填充的部分。下面按 Ctrl＋Delete 键填充黑色的背景色，画面即显示为透明。

⑦激活图层副本 2，我们看到图层副本 2 上面的婚纱部分仍然为灰色，并没有被透明出来，这时打开图层面版上方的〔混合模式〕，将它设置在〔柔光〕的模式上，这时画面中婚纱的透明部分即显示出很透的效果，如图 466 所示。

原理提示：我们前面所做的是分两个部分将婚纱与人物分别做两个蒙版，婚纱为黑白的是为了在后面做无色的混合模式效果，而人物做蒙版是原彩色不动它，这就是两个部分的蒙版不一样的效果，而在最后图层副本 2 上的黑

图 466

白效果用的混合模式〔柔光〕只是针对背景所用。我们还可以尝试换用其他的混合模式,还会有其他的不同效果。

　　还有一点要提示的是,如果我们在换用了其他的背景时,由于色彩的关系,这个〔柔光〕的效果不一定很好用,就要换用〔强光〕、〔点光〕或者是〔叠加〕等其他的混合模式,原因是上层与下层的色彩混合会产生不一样的效果。

　　对于人物的色彩方面,我们可以根据背景的色彩效果来略加调节,但是要点击在人物图层上而不能停留在蒙版上调节,我们最好是在制作完成后保留一个 PSD 的图片格式,也可以多加几幅风光图片在里面看看实际效果。如以下几幅图片所示,图 467 为〔强光〕模式,图 468 为〔点光〕模式,图 469 为〔点光〕模式。

图 467
〔强光模式〕

图 468
〔点光模式〕

图 469
〔点光模式〕

62 使用Alpha通道抠取透明婚纱人像的效果

　　在这个制作案例中,我们仍然使用了通道中的 Alpha 通道,用黑白灰来显示透明、不透明与半透明的制作原理,从而达到完美抠取婚纱人像的效果。

　　①打开一幅婚纱人像图片,如图 470 所示。再打开通道面版,用红,绿,蓝三个通道去仔

细观察各种对比与反差的效果。在这张图片中蓝色通道的婚纱效果比较合适,故抠选该图像。用鼠标按住蓝色通道拖拽到图层面版的下方〔创建新的图层〕图标上,复制出一个蓝副本的 Alpha 通道,通道显示为 Ctrl＋4,如图 471 所示。

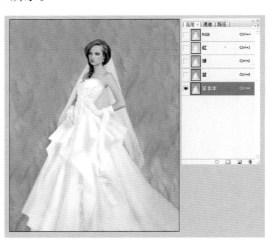

图 470

图 471

②下面我们要把这个蓝色副本通道用画笔工具来进行涂抹。我们在通道基础知识中学习过,黑白灰在通道中的显示为透明、不透明与半透明的基本原理。在这张图片中,由于婚纱是半透明的范围,所以我们要保留婚纱透明部分的灰度状态,并将背景最后设置为黑色为完全透明的状态,而人物要完全保留下来应设为白色状态,这就是我们要做这张图的原理。

下面要做的事就是用白色画笔来涂抹这个蓝通道,把不透明度设置在 40％～50％,变换笔刷的软硬和大小,对该通道的图像进行细致的涂抹,必要时可将图像放大后再涂抹,要注意的是保持婚纱的透明部分不要多涂,涂抹之后的状态如图 472 所示。

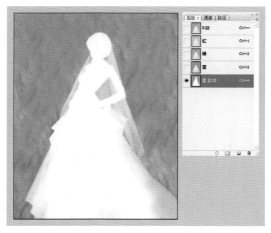

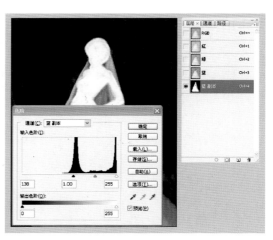

图 472

图 473

③涂抹完成之后,我们用色阶来对图像进行亮度与对比度的调整,目的是将背景设置为黑色。打开〔色阶〕命令,将左边的黑色小滑块向右边调动,可以发现背景已变为黑色,而白色的部分暂时不要调整,可以在后面的步骤中将该图像通过通道抠选来观察,如果满意就不要动它,如不满意再用蒙版来继续调整也是可以的,黑白调整后的图像如图 473 所示。

④现在的图像经过色阶调整已经具备了黑白灰的各项指标,我们从蓝色副本这个通道

回到 RGB 通道,点击 RGB 通道即可。再按住 Ctrl 键点击蓝色副本通道,将选区载入,在图片上即出现了选区范围,如图 474 所示。

图 474   图 475

⑤现在我们点击图层回到图层面版中,将鼠标按住背景图层拖拽到面版下方〔创建新的图层〕图标上,就拷贝了一个背景副本,再点击面版下方的〔添加图层蒙版〕图标上,给背景副本添加一个图层蒙版。为了观察抠图后的效果,我们打开一幅风光图片,按 Ctrl+A 全选,再按 Ctrl+C 拷贝,再切换到这张图片上按 Ctrl+V 粘贴,并将风光图片层置于背景副本的下面,如图 475 所示。

提示:如果操作中不小心去掉了选区,添加蒙版后就不会透明地显示风光部分,所以一定要保证在 Alpha 通道上有选区的情况下,背景风光才能显示出来,也可以点背景通道查看再做选区。

⑥现在的图像已经基本上成形,但是观察婚纱人像被抠出后的效果会有一些不尽如人意的地方,这时可以点击背景副本中的蒙版。还是用画笔工具设置黑与白的前景色继续修涂,用白画笔可以涂出人物的显示部分,还可以按住 Alt 键点击蒙版去观察涂抹的效果。我们可以将图像放大,对不太理想的边缘区域做进一步的修整。

⑦为了协调人物和背景的色彩,再点击背景副本的图像部分缩略图,用色彩平衡来调节人物与背景的色彩差异,如图 476、图 477 所示。最后,合并图层即完成本案例的制作。

图 476   图 477

63 滤镜中〔抽出〕的使用方法

　　滤镜中的〔抽出〕是 Ps 中一个专门用来抠选图像的比较好用的工具，它既可抠选比如婚纱、头发这样比较复杂的图像，也可以抠选色彩比较简单的图像。在以下范例中主要是使用抽出命令中的〔强制前景色〕来抽出图像中包含的几种颜色，这是一个最基本的使用方法。

　　这里用一个玻璃瓶和水杯的图片范例来讲一下抽出的基本使用过程。

　　①打开这张玻璃瓶的图片，在这张图片中，背景的颜色先不要去管它，我们仔细观察玻璃瓶和水，它包含了四种颜色，即白、黑、浅绿和深绿，因此我们在图层面版的背景层上复制出四个副本，可以按 Ctrl＋J，也可以将背景层用鼠标按住拖拽到〔创建新图层〕的图标上来复制。

　　②为了观察抽出后的图像效果，我们还要在背景副本层的下面加一个有色背景，点击〔创建新图层〕的图标，复制出一个空白的图层。再设置前景色盘中的颜色，按住 Alt＋Delete 键填充前景色，填充好的效果如图 478 所示。

图 478

图 479

　　③下面我们分为四个步骤一张张的抠选。我们将四个副本中的上面三个都隐藏起来，（点掉小眼睛即可，也是为了直观地显示抽出后的图像效果）如图 479 所示。将工作层点在图层副本上做第一个抽出效果，点击菜单中的〔滤镜〕→〔抽出〕命令，如图 480 所示。打开抽出工作界面，选择左上角的〔高光画笔〕工具，在右边的工具选项里可以设置画笔直径大小，在抽出一栏中点选〔强制前景色〕，〔颜色〕为默认的白色。因为第一步我们先将白色抽出来，如图 481 所示。下面我们用画笔沿着要抠选的范围进行涂抹，将玻璃瓶和流水的区域全部涂满，涂抹完成之后，点击右上角的〔确定〕就可以看见图片中凡是白色的范围都被抠选出来，映衬在有色背景中一目了然。

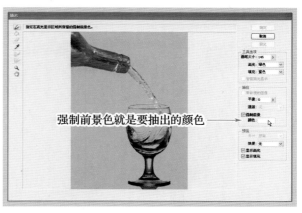

强制前景色就是要抽出的颜色

隐藏上方的图层，只留下需要抽出的图层
激活，点击菜单〔滤镜〕中的〔抽出〕打
开抽出对话框

| 图 480 | 图 481 |

④下面我们按照上面做抽出的方法同样再去做以下的三种抽出效果。激活图层副本 2，点击小眼睛为可见图层，打开菜单中的〔滤镜〕→〔抽出〕，在对话框中把〔强制前景〕打上勾号，这回是将〔强制前景〕设为黑色，再用高光画笔如上述的方法将玻璃瓶和水流区域涂抹出来，如图 482 所示。按〔确定〕就可以看见画面中黑与白的色域也都在背景色画面中显示出来。

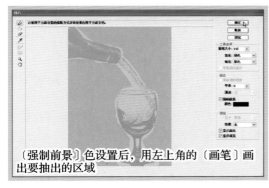

〔强制前景〕色设置后，用左上角的〔画笔〕画
出要抽出的区域

需要抽出画面中的颜色时，用吸管工具点选颜色

| 图 482 | 图 483 |

⑤好！再激活图层副本 3，点击小眼睛，也就是副本的第三个图层，这回所不同的是在打开的界面中勾选了〔强制前景〕后，颜色的定义不是在色盘中去找，而是要用〔抽出界面〕左边工具中的吸管来吸取画面上玻璃瓶的颜色作为定义的颜色来抽取，如图 483 所示。好，用吸管在玻璃瓶上吸取了一个浅绿色，在点选颜色后，可以看见在右边的〔颜色〕栏里就是刚才吸取的浅绿色。我们还是继续来进行第三次的涂抹画面中的玻璃瓶和水流，完成后按〔确定〕。

⑥下面再激活最后一个图层——图层副本 4，打开〔抽出〕工作界面，再勾选〔强制前景〕，这次的颜色吸取为玻璃瓶上的深绿色，还是用高光画笔工具继续涂抹，完成后按〔确定〕。按住 Ctrl 键将这四个副本都点中为蓝色，点鼠标的右键，在弹出的菜单中点〔合并图层〕，将这抽出的四个图层合四为一，如图 484 所示。这一回我们可以看见，绿色的玻璃瓶和水流完全被抠出，而且还保留了透明的部分映衬着背景色。其实这个被抽出的玻璃瓶和水流完全是一个单独的透明图层，如果将它换一个其他颜色的背景，透明部分也会映衬其他颜色的背景色，如图 485 所示。

⑦最后，我们还可以尝试换用其他的背景色来看看效果。

按住 Ctrl 键将四个已抽出过的副本都选中合并

图 484

四个副本合为一个图层，就是已经完成抽出效果的、单独的图层，可以换用其他背景

图 485

64 K2外挂抠图软件的安装

　　K2 外挂抠图软件非常好用，Corel 公司出品的专业去背景软件，连极细的毛发都能从复杂的背景中分离出来。Corel Knockout 是一套专门用来〔去背〕的创意软件，专业一点的术语是制作〔遮罩〕，所谓的"去背"，指的是将特定的主体从背景中抽离出来，以便进行其他的后续设计。例如，将人物从风景照之中抽离出来，以便更换背景。目前，坊间的影像处理软件，例如 PhotoImpact、Photoshop 等，其实也都可以进行去背的作业，但却不及 Knockout 来得功能强大及便利。它是相当不错的蒙版工具，它可以把你从繁杂，费时的图像处理中解放出来。更关键的是使用它抠图，效果更好，质量更高，这是其他的同类工具所不具备的优势。但前提是必须安装在 Photoshop 的滤镜中。在 Photoshop Cs－5 以前的版本中都必须严格

按步骤一步一步来安装，而在 Ps CS－5 中就省事多了。下面对安装步骤进行说明。这里有个小提示，K2 虽然是个小工具，但在使用中对"内存"的要求是比较高的，要适当注意。

　　①安装：打开 Sn 记事本，查找序列号复制，（注意不要复制 Sn）如图 486 所示。

　　②双击 setup（有小电视机模样的软件安装图标）进入安装界面。

　　③点击 next（下一步），如图 487 所示。

打开 SN 记事本，复制序列号

图 486

④点击 yes(同意协议)如图 488 所示。

⑤在弹出的对话框中上格填上姓名(要输入英文或汉语拼音),下格填上刚刚复制的序列号。再点击 next(下一步),如图 489 所示。此时如果弹出蓝框英文提示,就有可能是提示(序列号是病人),提示序列号不对。(需要重新安装)

⑥如果弹出的提示框是 Setup　type(经典安装还是自定义安装)不要动它,接着按 next(下一步)就行。

⑦弹出路径显示,这一步很重要,这是要选择 K2 的安装路径,点方框中的 Browse(浏览)。在弹出的小框中(Choose　Folder)输入 K2 的安装路径,如图 490 所示。

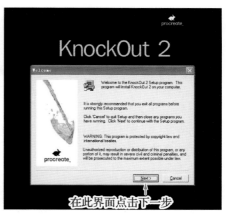

在此界面点击下一步

图 487

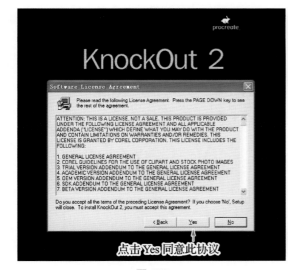

点击 Yes 同意此协议

图 488

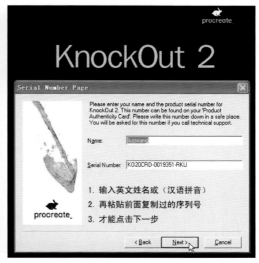

1. 输入英文姓名或（汉语拼音）
2. 再粘贴前面复制过的序列号
3. 才能点击下一步

图 489

这一步很重要,要点击箭头所指的图标输入安装路径

图 490

C盘中：Program Files（也有的是 Files(X86)）→Adobe→Photoshop CS3→Plug-ins(增效工具)→Filter(滤镜)即完成路径输入,才能按 Next

图 491

C 盘中：Program Files(也有的是 Files(X86))按〔ok〕Adobe 按〔ok〕Photoshop CS - 3。按〔ok〕Plug-ins〔增效工具〕，按〔ok〕Filters〔滤镜〕，〔按 ok〕即完成路径输入，再按 next，(有可能提示让你再输入一遍)，最后再按 next〔确定〕。这就基本上完成了安装，如图 491 所示。

这里有个重要提示，如果是连在网上可能还会有上网提示，这是 K2 安装后出现的问题要说清楚，特别是不识英文的朋友会弄得一头雾水。如图 492 所示。上网后会出现很多界面，包括填表等等，逐一关闭，最后出现下面的界面，如图 493 所示。点击〔Web Registration Successful〕即"网站注册成功"即会出现完成界面，如图 494 所示。点击〔Finish〕即完成安装。如果您的电脑里有 360 杀毒软件，它也会跳出来阻止 K2 软件的安装，点击〔允许程序的所有操作〕就好了。

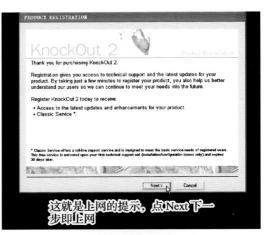

这就是上网的提示，点Next下一步即止网

图 492

网站注册成功　　不同的登记方法

图 493

这是完成界面，点击它即可完成安装。

图 494

⑧上述的 K2 软件安装之后是英文的版本，使用不方便，还要输入汉化工具，输入时也一样要输入汉化路径，和刚才的输入是一样的。双击〔K2 汉化包〕→双击〔KnockOut 2 _ P1〕图标，在打开的〔自释放补丁工具〕对话框中点击〔浏览〕，如图 495 所示。就会弹出〔浏览文件夹〕对话框，如图 496 所示。首先双击 C 盘：→ Program Files → Adobe → Photoshop CS3 → Plug-ins〔增效工具〕→Filters〔滤镜〕→〔确定〕→〔应用〕，输入完成后会有路径显示，如图 497 所示。如果汉化成功会有〔文件已经成功应用〕的提示，如图 498 所示。

点击汉化包打开此界面，再点击浏览

图 495

一句话，K2 的安装、汉化都在 Photoshop〔增效工具〕→〔滤镜〕里面。

⑨下面再说一下 K2 软件在 Photoshop CS－5 中的安装，相对 Photoshop CS－3 就容易多了，目前大部分的摄影朋友都在使用 Photoshop CS－5，它的安装非常方便快捷。首先打开 K2 安装软件，在里面找到仿佛是蓝色插头一般的图标〔Knockout〕，如图 499 所示。按右键点击〔复制〕即可，再打开系统盘 C 盘，找到〔Program Files〕或〔Program FilesX86〕→〔Adobe〕→〔Adobe Photoshop CS－5〕→〔Plug－ins〕〔增效工具〕→〔Filters〕〔滤镜〕粘贴就完成了。因为软件已经有汉化包，不需要再汉化了，如图 500 所示。

还有其他插件：如：Kpt7、EyeCandy4 000 滤镜是网上下载的也一样可以粘贴上。

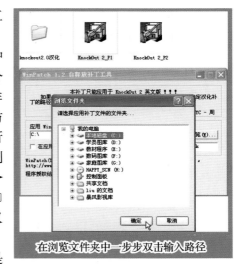
在浏览文件夹中一步步双击输入路径
图 496

这是输入 CS-3 中的路径显示，完成后点击〔应用〕
图 497

汉化成功后的显示界面
图 498

在 K2 软件中找到【Knockout】按右键点复制即可
图 499

147

Lighting Styles　Average　ChannelPort　Clouds　Lens Blur　Lens Correction　LightingEffects　Liquify

NTSC Colors　Solarize　Standard MultiPlugin　VanishingPoint　Variations　KnockOut

将 K2 软件【粘贴】在这里就可以了

图 500

65 K2抠图的基本使用方法

　　从事图像处理的人都会遇到抠图的问题:把图片中的背景给去掉,保留前面主题部分,从而达到所需要的状态。虽说在 Photoshop 软件里通过其他工具可以实现,但终究比较复杂,对初学者来说则更是耗时、耗力。为此,Corel 公司开发了专业的抠图软件 knockout,该软件连极细的毛发都能从复杂的背景中分离出来。特别是 2.0 版本更是比 1.5 版本有了质的飞跃。利用它配合 Ps 滤镜使用,在图像输出上会简化许多(knockout 2.0 处理完后不用存盘就可直接返回 Ps 下进行编辑),从而给图像处理人员节省了时间和硬盘空间。

　　打开 Ps 界面,打开小狗的图片,将小狗的图片复制一个副本,因为用原始图层是不能运行 Knockout 2.0 的,所以我们要新建一个〔背景副本〕图层。同时添加一个空白图层,用渐变工具拉出一个色版作为衬底便于观察抠图后的效果,如图 501 所示。

　　打开菜单中的〔滤镜〕——选中〔knockout 2.0〕——载入工作层,如图 502 所示。即可打开 K2 工作界面(要提示的是在 Ps 里需要事先安装这种 knockout 2.0 抠图软件到滤镜里才可使用)。

图 501

图 502

K2 的抠图只需要两部分选区就可以把图像抠出来，即内部选区和外部选区。这时我们点选左侧竖排工具箱中左边第一个工具，鼠标稍做停留就会有显示说明"内部对象—— 让你描绘内部对象的选择区域"。用这个内部选择工具在要抠出毛发效果的小狗的内部做选区，在抠选前点击选择"多边形"的模式（在属性栏目中点选勾号即可）。这个工具的使用方法和套索工具中的多边形套索工具差不多，要注意的是这个内部选区是完全不透明的物体部分，也就是这个小狗的身体部分。绘制完成后，如果感觉选区选多了或者说选少了，可以按 Shift 键或是 Alt 键加减选区，这和套索工具的使用方法也差不多。在这里有一点要事先说明，内部工具做选区和外部工具做选区看上去好像是一样的，实则大不一样，因为菜单中的属性栏对应不一样。

内部选区做好之后，如图 503 所示。如果你感觉小狗的毛发并不太长，毛发的过渡比较平缓，你可以在内部选区做好之后，点击属性栏目中的〔自动外部对象〕，它即自动完成外部的选择区域。如果选区有些大了或小了的失误，可以使用菜单中的〔选择区域〕——〔扩大与收缩〕来调整。如果小狗的毛发比较长而且散乱，就要绘制出外部选区。点选刚才使用工具的右侧工具，稍做停留会有文字显示"外部对象—— 让你描绘外部对象的选择区域"。这个外

图 503

部选择工具，它的抠选区域之外就是完全透明的范围，而界于内部选区与外部选区之间被抠出的是半透明的范围。

我们仍然勾选〔多边形〕这个选项，将外围勾选出来，多选与少选的改动选区仍然是可以按住 Shift 键或是 Alt 键来修整。绘制完成后，如图 504 所示。选择左下方的 1－4 图标，这是一个设置抠图精度的装置，把 Detai 值设置到 4，如图 505 所示。该值是根据图片边缘的复杂程度而定的，比较简单的图片设置为 1，随着复杂的程度可以逐渐增大。

图 504

图 505

149

下面我们接着再按有两个箭头的图标 。这是"处理这个图像和输出图像"的按钮。这时图像会"有一声尖叫"（这个声音是可以设置的），其实这就是已完成 K2 的抠图工作。画面上露出来的是自动配备的底色，如图 506 所示。如果要观察该图像其他配备的背景效果，可以点击底色旁边的小三角，会弹出很多种颜色让你选择，但是这些颜色只能在 K2 中预览，在 Ps 的色盘中不会看到这种颜色的背景，如图 507 所示。

图 506   图 507

我们再点击下面一个方框，这是一个可以在 Ps 的盘幅中找一张合适的背景来衬映看看抠选的怎么样的装置。如果对这个抠图满意的话，可以点击左上方的〔文件〕→〔应用〕，或按快捷键 Shift＋Ctrl＋A。这样就可以结束 K2 的工作，自动返回到 Ps 的界面中去做下一步的处理了。

66 K2工具箱工具介绍

图 508 是位于 K2 工作界面上方的属性栏，它给出与工具箱中的工具相配套的参数设置。

图 508

工具箱   这里将简单介绍位于界面左侧的工具，它包括了用于抠图的所有工具，见图 509。

内部对象工具——绘制对象的内部选区线。

外部对象工具——绘制对象的外部选区线。

内部阴影对象工具——绘制阴影的内部选区线。

外部阴影对象工具——绘制阴影的外部选区线。

注射器工具——为对象选区的内部或外部进行补色。

边缘羽化工具——修复一些对象或阴影边缘的缺陷。

润色笔刷工具——用于恢复前景图像。

润色橡皮工具——用于擦除背景图像。

手形工具——用于移动画布中图像的位置。

放大镜工具——用于缩放图像大小。

底色按钮——可以在调色版中选择抠图以后的背景颜色,见图510。

背景图像按钮——可以选择一幅图像作为抠图以后的背景察看效果。
点击该按钮,会打开〔选择一个文件〕对话框见图511。可在里面找一幅相应的图像作为背景。

图 509

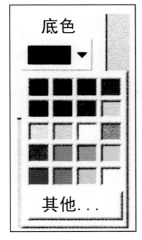

图 510

图 511

67 使用K2抠取人物散乱头发的方法

①打开一幅室内拍摄的人物图片,将锁定的背景层拖拽到图层面版下方的〔创建新图层〕图标上复制一个背景副本。为了更好地观察人物被抠出的最终效果,我们再打开一幅风光图片,并将风光图片置于背景层的上方。

②激活背景副本为蓝色,点击菜单中的〔滤镜〕→〔Knockout 2〕→〔Load Working Layer〕进入 K2 抠图软件的工作界面。

③在 K2 工作界面中,调整图像的大小可点击工具箱中的放大工具,配合 Alt 键对图像

进行放大缩小的调节,也可以直接点击菜单下面属性栏中的〔适配窗口〕取得合适的图像大小,如图 512 所示。

图 512

图 513

图 514

④点击工具箱中的〔内部对象工具〕,再点属性栏中的〔多边形模式〕打上勾号,使用内部对象工具沿着人物的内部进行勾选,使用方法很像多边形套索工具。勾选完毕即会在画面中出现内部选区的蚁形线,如图 513 和图 514 所示。

⑤内部选区绘制完毕之后,要看图像的抠取难度,如果选区的边缘比较平滑,毛边并不是很多很复杂的玩具娃娃等,可以直接点击属性栏目中的〔自动外部对象〕即可生成外部选区。但是现在这张图片中人物的头发散乱较多较长,发丝外飘的很多,所以必须绘制外部选区。点击〔外部对象工具〕,再点击属性栏目中的〔多边形模式〕打上勾号,像刚才绘制内部选区的手法一样勾选外部选区,选区会合完成后出现蚁形线,如图 515 所示。

图 515

图 516

图 517

⑥将工具栏下方的〔细节〕调至 4 的数值〔数值越高越精细〕,再点下面的 双箭头图标,意为:处理这个图像和显示输出图像。当然也可以在菜单中去操作,快捷键为Ctrl+P,电脑软件即自动将图片进行处理,如图 516 所示。前面的课程中我们就说过,外围是完全透明

的部分,内部是完全不透明的部分,而内外的选区之间为电脑软件要处理的部分。现在呈现在我们面前的就是人物被抠出的效果,如果不满意还有润色擦子可以擦拭,如果对这个抠图比较满意的话,可以点击菜单中的〔文件〕→〔应用〕,或按快捷键 Shift＋Ctrl＋A,就可以结束K2 的工作,自动返回到 Ps 的界面中做下一步的处理了。如图 517 所示,可以看到人物图像已被干干净净、完完全全、一根头发都不少的抠了出来,衬托在风光图片层上,效果非常好。

68 使用K2抠取毛绒玩具和阴影的方法

这一节接着讲图像中带有阴影的抠图方法。在前面抠小狗的过程中,我们应该把握了把带有毛发的图像抠出来的基本操作。那么这一节操作的基本思路和上面做的方法大致相同,只不过更换了"内部阴影对象"工具和"外部阴影对象"工具,就可以把图像部分和阴影部分同时抠出来。下面我们就看一下是如何操作的。

①打开这只带有投影的玩具狗,首先要复制一个背景副本。为了便于观察抠图后的效果,在背景副本的下方再放置一幅风光图片,如图 518 所示。

②现在激活背景副本层,点击菜单中的〔滤镜〕→〔K2〕→载入工作图层,如图 519 所示。

③现在进入 K2 程序界面,选择〔内部对象〕工具,在其属性栏中勾选〔多边形〕模式选项,沿着玩具狗的内部区域绘制选区,这是绘制内部不透明部分。中间有一小块透出部分可用减选区的方式进行,可以用按住 Alt 的方法,也可以点击属性栏中的〔减选区〕按钮以减选区的方式减去中间的透出部分,做好的内部选区加减去的部分如图 520 所示。

图 518

图 519

④现在该做外部选区了。选择〔外部对象〕工具,和刚刚做内部选区一样,在其属性栏目中勾选〔多边形〕模式选项,沿着玩具狗的外部绘制选区,尽可能地将毛丝丝都勾选进来,绘制完成后将会自动生成一个外部选区,如图 521 所示。

可能有的同学会问,为什么不管勾选外部选区还是内部选区都一定是要使用多边形模式呢?当然不勾选也可以,但是必须要用鼠标按住左键才能画出选区,就像使用套索工具一样,而勾选了多边形就是多边形套索工具,就不必一直按住,多累啊。

图 520

图 521

⑤下面要做阴影部分的选区,这个阴影部分的选区是 K2 的专门设置,使用方法和内部外部对象工具很相似,点按工具栏中左边第二个图标,为"内部阴影对象工具",它是专门用来绘制阴影内部选区的线条工具,还是在属性栏目中点击勾选〔多边形〕模式选项,沿着玩具狗阴影的内部绘制选区。内部选区绘好后,如果画面中有不连在一起的两个或两个以上的阴影部分,还是要按住 Shift 键(这是添加选区的意思),也可以点击属性栏中的+号(添加选区),再绘制第二个阴影的内部选区,绘好后如图 522 所示。

⑥接下来选择〔外部阴影对象〕工具,还是在其属性栏中勾选〔多边形〕模式选项,沿着玩具狗的外部阴影绘制选区。这个阴影被抠出来的部分是光束照射出来的毛发的边缘细部,所以这个工作也和内部外部边缘的抠取一样重要。绘制完了第一个阴影外部的选区,和刚才抠取内部阴影一样还要按住 Shift 键或点按属性栏目中的"+"号(是添加选区的意思),再来绘制第二个阴影部分的外部选区线,阴影外部选区绘制完毕后如图 523 所示。

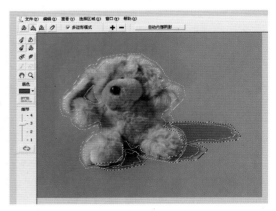

图 522

图 523

⑦绘制完成图像和阴影的所有内部和外部选区后,在〔进程〕面版中将细节的调节设置为 4,如图 524 所示,然后单击处理按钮 ⟳ ,或按下 Ctrl+P 组合键执行此命令,程序会根据内外选区及选区复杂的程度自动处理图像,将图像中的物体包括内部对象和内部阴影对象两个部分从背景中剥离出来,即完成图像和阴影边缘的同步抠图任务,如图 525 所示。

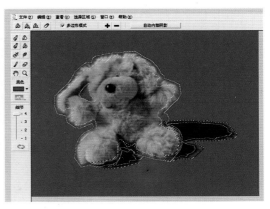

做好内外阴影选区后将细节调高至 4

图 524　　　　　　　　　　　　　　　图 525

⑧现在我们看到的是已经抠出来的图像和阴影部分,下面使用〔底色〕按钮在调色版中选择其他颜色观察抠图后的对比效果,如图 526 所示。如果发现抠选后的图像某些区域有些不合适,可以选择点按工具箱中左侧第四个〔润色笔刷〕工具,或者选择旁边的〔润色橡皮擦〕工具进行修改,只要点按了这两个工具的其中一个,此时窗口中的图像由一个窗口变成了两个窗口,那么在默认状态下,左边的是〔原稿〕的窗口,右边的是〔输出当前结果〕的窗口。此时要注意的是——当我们拖动鼠标在画面上的时候,左边的〔原稿〕窗口出现的是鼠标的箭头标志,这是"源"图像的位置,而在〔输出当前结果〕的窗口中出现的是圆圈笔刷的标志,表现的是画笔直径的大小,如图 527 所示。笔刷大小的调节可以拖动〔属性〕栏上的滑块左右移动。这里要提示的是"润色笔刷"在右图中是恢复原图中的某些部分,而"润色橡皮擦"是要擦去某些部分。

颜色盘里可以点换各种颜色来观察抠出后的边缘效果

这是同时显示在 K2 界面上的抠出前后的显示效果,注意文稿里的文字解释

图 526　　　　　　　　　　　　　　　图 527

⑨润色的修改完成后,点击左侧工具箱中的〔背景图像〕按钮图标,就会弹出一个〔选择一个文件〕的对话框,当然是选择你电脑中的某一幅图像,在〔查找范围〕里找一幅你自认定合适的图像来衬映这个被抠出来的玩具狗图像,如图 528 所示。这里我们看到刚才所修饰的是图像部分,阴影部分并没有带过来,如果想看到图像和阴影衬映背景的效果,可以点击阴影工具,即可看见图像和阴影同时显示在画面上,这时我们还是可以再继续使用润色工具修饰润色的。

图 528

⑩最后我们点按左上角菜单中的〔文件〕→〔应用〕，或者按 Shift＋Ctrl＋A，如图 529 所示。图像的抠制完成，就会回到 Ps 的界面中，画面的大和小可用自由变换来调节，即完成本案例制作。（这里有一点要补充的是，在 K2 界面中所更换的背景颜色或者背景图像不会应用到 Ps 的界面中去，所以在刚开始的时候我们就可以为要抠出的图像添加一幅衬托的背景图像。）

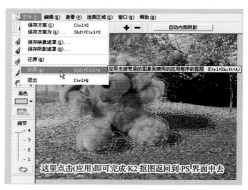

图 529

69 使用K2抠取透明体的方法

这一节我们讲使用 K2 抠取玻璃制品的透明效果。在前面我们学习过的抠图常规中，做一个内部选区，再做一个外部选区即可，而在这一节操作中，我们只做外部选区，不做内部选区。内部选区是用〔图钉〕钉住某些像素来实现的一种抠图方法，也叫〔单一像素法〕绘制对象的内部选区，此方法也适合于抠取半透明制品、玻璃制品、婚纱等。

①打开文件图像，先复制出一个背景副本，为了观察抠图后的效果，创建一个空白的图层并置于副本层的下面，再用渐变工具将这个空白图层做一个渐变色彩效果，如图 530 所示。

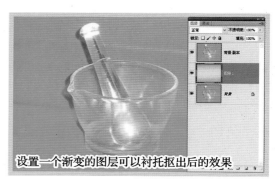

设置一个渐变的图层可以衬托抠出后的效果

图 530

再激活背景副本层,打开菜单中的〔滤镜〕→〔KnocKout 2〕→载入工作层,如图 531 所示。

在 K2 工作界面上,如果图像过大或过小显示,可以点按左侧工具箱里的〔放大镜〕工具,按住 Alt 键点按为缩小。在属性栏上图像的百分比显示也可以调节。但不能做到随心所欲的过细的调节,一般情况下,点击〔适配窗口〕就可以很好的显示操作,如图 532 所示。

必须在图层副本上才可以进入 K2 制作界面

图 531

②下面我们要勾选选区,按常规我们是先内后外,但这里我们首先选择〔外部对象〕工具,勾选〔多边形〕模式选项,沿着玻璃制品的外围进行勾选,绘制完毕后,如图 533 所示。我们仅看该图像的内部对象很难确定怎样划分,所以我们点选内部对象工具后,按住 Ctrl 键或者点击属性栏目中的〔图钉〕标志,画面的鼠标上会出现一个〔图钉〕模样的标识(仅限在做好的选区内部)。这是一个"让你添加一个单像素的内部选择区域"的提示说明,你可以用这个〔图钉〕点按鼠标钉住内部区域的几个像素点。需要提出的是:这些钉住的像素点就是你要的完全不透明的像素区域,因为玻璃的其他区域将会显示一种透明或半透明的状态,所以说这一步的操作就是这个程序范例的重点部分。下面我们选择几个高光点来点钉一下,比如槌棒的高光部分,槌棒底部和碗边的高光部分都钉上几个像素点,这也是决定了这些区域的不透明部分,如图 534 所示。

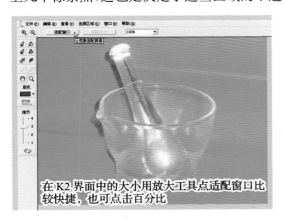

在 K2 界面中的大小用放大工具点适配窗口比较快捷,也可点击百分比

图 532

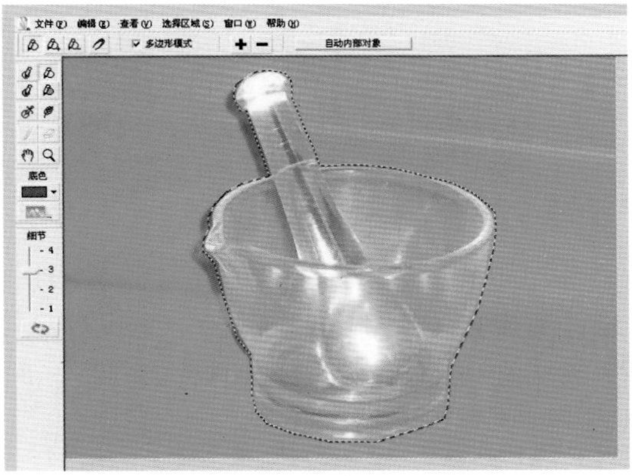

图 534

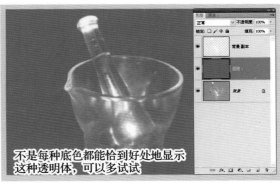

不是每种底色都能恰到好处地显示这种透明体,可以多试试

图 533

图 535

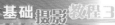

在操作的时候,你可以点选〔图钉〕工具,也可以按住 Ctrl 键,鼠标就会变成图钉工具(仅限在选区内部区域,在选区外部区域鼠标为不可用状态)。

③如果某些区域的像素钉点多了(在这里要先叮嘱一句,钉点不可过多,会将不必要的区域色彩都选进来,初学者唯恐选不好,都会多钉几个钉点),可以左手按住 Alt 键,右手按住鼠标左键将这个区域的钉点划出选区就删除了这部分所钉的像素点。如果觉得图像很小看不清难以某部分的操作,可以按下"L"键激活小型放大镜,以便能更加精确的绘制选区,如图535 所示。

④内部像素的钉点都完成之后,将〔进程 Detai〕面版的细节设置为默认的 3,如图 536 所示。然后点击下方的〔处理〕按钮 ↻,或者按下 Ctrl+P 组合键执行此命令,程序会根据内外选区及复杂程度自动处理图像,将图像中的物体从背景中剥离出来,如图 537 所示,还可点底色选其他颜色。

图 536   图 537

⑤如果对抠图的结果还比较满意的话就按左上方的菜单〔文件〕→〔应用〕,如图 538 所示。或者按下快捷方式 Shift+Ctrl+A 键,将 K2 的制作结果应用到 Ps 中去,在 Ps 中还可以换用其他背景来观察抠图后的效果,如图 539 所示,完成本案例制作。

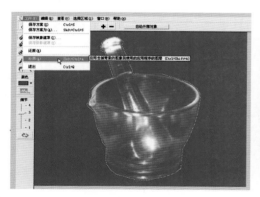
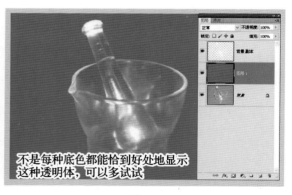

图 538   图 539

70 使用CS-5中的〔调整边缘〕以获得天空换背景效果

①打开公园素材片和云层素材片,将云层素材片〔全选〕Ctrl＋A,再〔拷贝〕Ctrl＋C,切换到公园素材片〔粘贴〕Ctrl＋V,再将公园素材片复制一个副本,如图 540 所示。

②将图片中所加上的多余的字删除,用矩形选框工具选中两处字体,点击菜单中的编辑—填充,在打开的"填充"对话框中使用"内容识别",如图 541 所示。按〔确定〕,即自动去掉两排无用的字迹,这个功能也是 CS‑5 中的"内容识别"新功能。

图 540

图 541

③使用魔棒工具,将属性栏目中的〔容差〕设置为 50—70,再将〔连续〕的勾号去掉(这是为了将树丛中的天空淡色部分也选择进选区),这时用魔棒工具点击天空,天空部分即被选区选中,而且地面中很多与天空相似的淡色部分也被选中,这就是"连续"与"不连续"的问题,我们再用套索工具将地面中多选的部分去掉,〔用减选区的属性〕最后再反选,或按 Shift＋Ctrl＋I。这样选区就转向地面部分。

④打开属性栏目中的〔调整边缘〕,在调整边缘对话框中点〔视图〕右边的小三角,在下拉的〔视图〕菜单中选择〔背景图层〕,这时在画面中就已显示了天空中的透明部分,也透出了下面图层的云层素材。但是树梢边缘还残留有天空的像素显得很假,使用"调整半径"工具在树梢边缘涂抹(将图片放大去涂抹)。这个涂抹工作也是很关键的一步,要细心地将树梢边缘还残留有天空的像素涂抹掉,这也包括树丛中的天空部分。

⑤涂抹完成之后,点击〔输出〕栏目中的〔净化颜色〕,再将数量调至 70％～80％,按〔确定〕,这

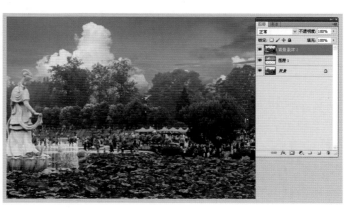

图 542

样在图层面版中将同时自动添加一个图层副本和蒙版,你可以用右键点击蒙版,在下拉出的菜单中点〔应用图层蒙版〕即可去掉蒙版。

⑥如果觉得天空或是地面的素材需要调节〔亮度/对比度〕或〔色彩〕,也可以再激活各图层去分别调节。特别是云层素材需要用〔自由变换〕来调节大小到合适的视觉效果,如图542所示。

71 使用混合模式艺术修复曝光过度的图片
——《秦代禁卫军》的制作

数码相机由于自动化程度比较高,一般情况下拍摄的图片都比较完美。但总会有一些小小的失误:比如闪光灯过近、使用 M 档位手动曝光操作失误、场景过暗或过亮时不能正确使用测光方式失误等都是在所难免的。我们打开这幅在西安拍摄的兵马俑图片,这是使用手动挡位拍摄曝光过度发白而且质感略差的图片,按常规我们都是用〔曲线〕和〔色阶〕等工具可以修复它,但在修复过程中这些有损操作对图片并不能很好地把控亮度与对比度。在这里我们先介绍一种曝光过度照片发白的修复方法,而且是一种一学就会的图层混合模式方式。如图543所示,左边为原图片,右边为经过非常简单的图层混合模式的挽救,变成质感尚可的,很有神秘感的摄影作品。

图左　一张曝光过度,清晰度不够的数码图片　　　图右　经过非常简单的图层混合模式的挽救,变成质感尚可,很有神秘感的摄影作品

图543

《上下五千年》 吴清茂 摄

①打开这幅曝光过度发白的图片,将图片背景层拖到图层面版下方的〔创建新图层〕图标上创建一个图层副本。再把图层面版上的〔混合模式〕设置为〔正片叠底〕。图片立刻变深,画面即暗了下来,这是根据〔正片叠底〕原理而来的操作方法。

这里我们先说一下〔正片叠底〕的原理,就会弄明白是怎么回事。〔正片叠底〕命令是根据每个通道中的颜色信息,并将基本色与混合色复合,结果色总是比较暗的颜色。任何颜色与黑色复合产生黑色,任何颜色与白色复合保持不变。当数码照片存在曝光过度的情况就可用此模式,基本就可以改变照片曝光的主体效果,省去了用颜色校正命令的繁琐工作。现在我们用的就是这样的一种方法,想必大家明白了是怎样一回事。

②如果图片颜色深度不够,还可以将背景副本拖到图层面版下方〔创建新图层〕的图标上再复制几个副本,由于背景副本已经是〔正片叠底〕的模式,所以图片在视觉感受上是一次又一次的加深,直到您满意为好,最后副本一共加了五张,图片已经很暗了,如图 544 所示。

图 544

图 545

③下面我们按住 Ctrl 键将都是〔正片叠底〕的副本挨个选中,如图 545 所示,合并这五个图层副本为一个〔背景层不可以合并〕。

④点击菜单中的〔滤镜〕→〔锐化〕→〔USM 锐化〕,打开 USM 锐化对话框,将〔数量〕设置为 60% 左右,〔半径〕设置为 7—8 像素,〔阈值〕可以不动它,仍为 0 色阶,这样的锐化数值设置的比较适中,如果觉得锐化不够还可以再来一次,如图 546 所示。这时的画面就基本上比正常略偏暗一些,因为下一步还要做光线照射的效果,所以应当暗一些。

⑤用〔多边形套索〕工具在画面上勾出选区,这个选区应当仿佛是外面窗户照射进来的光线效果,可以是两道光线,也可以是三道光线,再将选区追加一个〔羽化〕数值为 30 像素左右,如图 547 所示。这里要提示一下,图片的像素大小羽化的数值是不一样的(这里的 30 像素也是试了好几次才定下的,这张图片为 1 500 万像素),做好之后的光照效果一定要像那么回事。

图 546

图 547

⑥下面使用〔曲线〕工具加亮所选区域,如图 548 所示。再按 Ctrl＋D 取消选区,这张图片的光照效果就做好了,而且加上幽暗的画面显得很神秘。如果觉得画面的色彩要偏一些什么样的颜色,比如偏一些〔中国蓝〕,这种颜色是在兵马俑出土的时候有关部门就研究过的秦代的烧制技术,我们可以使用〔色彩平衡〕为画面加上一些青和蓝,如图 549 所示,即完成本例制作。

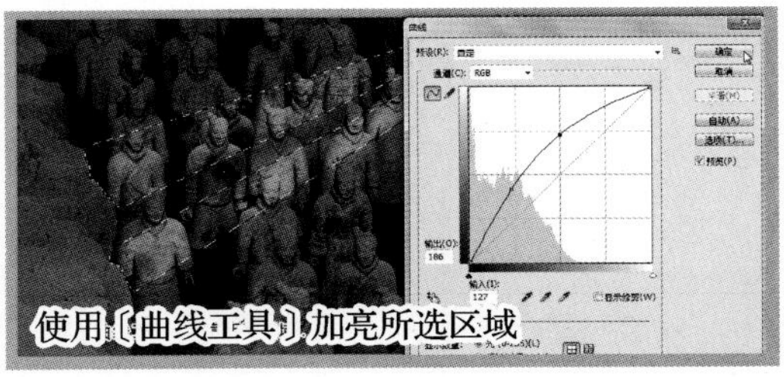

使用〔曲线工具〕加亮所选区域

图 548

要达到一种冷调画面，又有神秘感的气氛，可将画面调色

图 549

72 《宝宝乐》中自由变换倾斜矫正的运用

　　一幅图片呈献给观众应当是横平竖直(刻意的用广角变形来表达刻意的内容除外)。这幅闽南渔村的图片在拍摄时影友众多，超近再超近，影友们像叠罗汉一般一批向前又向前，可这位超可爱的渔家小宝宝模特就如同久经沙场一般并不受干扰的表演了一茬又一茬……

　　就这幅图片的抓拍瞬间来说，母女之间的表情应该是成功的(属于摆中抓)。由于超近拍摄线条走形较重，而且这样的线条走形并不是意味着要刻意的表达内容，而是属于无奈之举，在后期制作中就应当把画面矫正。画面整体矫正还是会变形，就要做局部矫正。

　　①按 Ctrl＋A 全选画面，如图 550 所示。点击菜单中的〔编辑〕→〔变换〕→〔透视〕，按住中间的节制点向左拖动，还可以在〔视图〕中调出一条垂直参考线来做参考。以画面中部的石头门框为中心竖线，矫正右半边的画面。矫正后如图 551 所示(画面中的红线是垂直参考线)。

原片为超广角超近拍摄，先将全片选中，用〔自由变换〕工具以右边为主矫正

图 550

这是右边矫正后的状态

图 551

　　②按 Ctrl＋D 取消选择，再用矩形选框工具重新选择左半边的画面，点菜单中的〔编辑〕→〔变换〕→〔斜切〕，再按住左边的节制点以院门的垂直为准进行〔拖动〕→〔斜切〕→〔变换〕，但是斜切并不能改变画面的长短，画面中的孩子会感觉拉长了，(斜切的目的是矫正垂直线)此时再在画面中点右键切换到〔自由变换〕方式，再向下拖拉一些即可缩短画面，如图 552 所示。完成后双击退出变换，按 Ctrl＋D 取消选择，最后把画面中间下方的照相机遮光罩用〔仿制图章〕工具修复掉。

　　③最后一步就是剪裁完成画面的矫正，别忘了在〔视图〕中清除参考线，如图 533 所示。

再将左边选中，用〔自由变换〕→〔斜切〕的方法矫正。
最后再剪裁完成

图 552

图 553

《宝宝乐》 奚永明 摄

73 〔自由变换〕中的变形操作

　　创意合成与〔自由变换〕中的变形操作——一幅摄影作品的创作在拍摄时就需要敏捷的
思维方式，还需有天时地利人和的因素，但是在后期我们也一样可以用合成的创意方式达到
这种效果。比如这幅《示范动作》的合成，如图 554 所示，但在这里我们主要的目的是通过这
幅作品的制作过程讲解一下〔自由变换〕中的〔变形〕操作的使用方法。

　　①在素材片中将路人（妈妈）的身影抠选出来，合成到素材片图 554 中去，再将素材片中
的滑版儿童也抠选出来后合成到素材片图 554 中去，这就基本上形成了仿佛是一家子的范
例，妈妈看着两个孩子在玩耍（双胞胎的形式）。

图 554

《示范动作》 奚永明 摄

图 555

　　②由于毛毛细雨的作用，少许的地面积水会有不太清晰的投影，我们可以将妈妈的身影
（已合成进来单独的图层）复制一个副本，点击菜单中的〔编辑〕——〔自由变换〕工具，按住自
由变换节制框上部中间的节制点向下拖拉翻过来形成倒影，如图 555 所示。再双击画面退出

自由变换,(关于倒影的制作方法可参考《基础摄影教程》下册第 326 页)。将图层面版上部的〔不透明度〕设置在 30％～40％左右,即形成了倒影。还可以使用 35％左右的软〔橡皮擦〕工具擦去地面中无水迹的部分(无水部分即无倒影,这样会更真实一些)。如图 556 和图 557 所示。

图 556   图 557

　　③滑版儿童的制作和妈妈的制作基本是一样的,但是这张图片的滑版车轮和地面的接触有些显得不吻合,感觉不理想,仅靠自由变换大小是不行的。我们打开〔自由变换〕时再按右键弹出自由变换中的子菜单,点击其中的〔变形〕,如图 558 所示。这个变形的操作虽然我们很少用到,但在这里使用非常适合。我们按住车轮下面的一个节制点向下拖拉一下,即可将这一部分下拉的恰到好处,而其他部分基本上没有变动,这是自由变换中"变形"的绝妙之处,如图 559 所示。

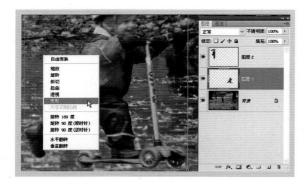

图 558   图 559

　　这里有一点要说的是自由变换中的"变形"操作做好之后的退出必须先按右键回到自由变换或其他模式再退出,如果完全做好要退出也可以按〔Enter〕确认键。

　　④为了更真实地反映《示范动作》中滑版孩子的动感,可点击菜单中的〔滤镜〕→〔模糊〕→〔动感模糊〕,打开动感模糊对话框,将动感的角度设在 0 度的横线方向动感,动感的距离为 10 像素值,稍稍有点动感即可,如图 560 所示。做好之后再将滑版儿

图 560

童复制一个副本,和妈妈的倒影制作一样做出一个倒影,这样的画面就已基本做好了。

74 想象与组合的运用之一《塞外风光》

想必摄影爱好者都有过这样的苦恼,不辞辛苦拍摄回来的很多"作品"普通的就像旅游纪念照片一样,要么就是因为曝光欠缺、构图不理想留下许多遗憾。再看看人家拍摄的精品,心里很不是滋味。其实,把我们自己拍摄的那些不如意的"作品"整理整理,再揣摩揣摩,还有些日常生活中随意拍摄的素材,在反复品味的过程中也可能会有奇妙的想法,组合出意想不到的效果。关键问题还是要用头脑多多思考,尽情地想象。创意不一定都会成功,但最怕的是没有创意。当然我们也最忌讳把那些风马牛不相及的素材拼凑在一起,让人不知所以然,完全没有和谐感,有的还会让人看了感到不舒服甚至感到压抑,这就不好了。因为数码创意不等于影像的拼凑,而是要达到1+1>2的效果。

看了许多的合成图片之后,我们想说:做到的是技术,能否想到的是艺术,这也就对应了摄影的一句概括性的语言:摄影艺术就是技术与艺术的合成。早在摄影发明之初的1857年,雷兰德的合成作品《两种生活方式》就已登上了艺术的殿堂,有力的反驳了有些人说摄影不是艺术的言论。

下面我们看《塞外风光》的制作想象:这是一位离休老干部新疆旅游随手拍摄的素材,画面中只有一只骆驼,去的时候忍不住手痒痒拍了两张,在返回去的时候,这只骆驼还在那儿吃草,就又拍了一张,从投影上看就会明白时间的差异,但在曝光上是基本一样的。素材与组合后的效果如图561左图所示。

素材1　　　　　　　素材2　　　　　　　素材3

图561

《塞外风光》三图合成　任齐清　摄

①将骆驼素材2图片作为蓝本,将其他的两张骆驼拖进来合成。打开骆驼素材3图片,使用〔套索〕工具,〔羽化〕为12左右(素材图片的像素大小为1920×2560,大约500万像素),可用不太精确的方式做出选区。按Ctrl+C〔拷贝〕,如图562所示。再切换到骆驼素材2图片中按Ctrl+V〔粘贴〕,再用较软的〔橡皮擦〕工具擦去多余的影像。

②用同样的方法将另一幅图片中的骆驼也拖进来。由于拍摄的地点相同,曝光的手法相同,在亮度与对比度及色差上基本没有差异,就省略了去调节的繁琐。但由于不是拍摄在一个时间段,在骆驼的投影上有些小的差异,可以将投影短的图片投影部分再做一个选区,用〔自由变换〕工具将其拉长一些,最后合并所有图层。

③为了突出主体,可以将图片进行一些适当的剪裁,天空去掉一些,如图 563 所示。再将图片用〔曲线〕加大一些反差,再略为加深一些,如图 564 所示。

图 562

图 563

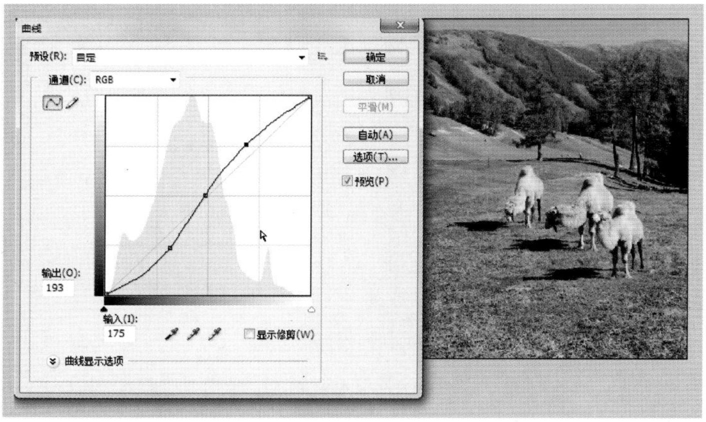

图 564

④为了表现出塞外的萧瑟,可以使用〔色相/饱和度〕将画面中的红色饱和度降至－100,黄色饱和度降至－70,再将绿色饱和度增至＋70。这样的画面去掉了红色,降低了黄色,强化了绿色,只留下蓝天和近景中的绿草及远处山峦中的绿松林,画面色调简单,主体突出。数据如图565～图567所示。

⑤最后用〔仿制图章〕工具修理掉画面中的围栏,电线杆等杂物。塞外的萧瑟和自然原生态就可以更好的得到体现。

因为在用〔色相/饱和度〕调节黄色的时候,只是－70的数据,在骆驼的身上还是留下了一些淡淡的黄色。如果想把骆驼得到原汁原味的

图 565

黑白效果,还可以使用〔海绵工具〕,将流量调节到100％,在骆驼身上涂抹掉残存的一些黄色即可,最后加外框加作品标题完成本例制作。

图 566   图 567

75 想象与组合的运用之二《吴哥日出》

　　这幅图片摄于旅游胜地吴哥,画面中只有一匹马在吃草,作者拍摄了好几张,但马匹的动态是不一样的,我们也像前面一样将它们合成制作出饶有情趣的《吴歌日出》。如图 568 所示。

　　①首先选择一幅可以作为蓝本的图片〔吴歌素材 1〕,为了强调日出的暖色效果,我们选择使用〔曲线〕工具先调整 RGB 亮度,如图 569 所示。再使用红通道强化一些红色调,注意红与青的配比,调整数据如图 570 所示。如果逆光中的马尾部分红色不够明显还可以使用〔海绵〕工具为其加色。

　　②打开〔吴哥素材 2〕,使用〔磁性套索〕工具,〔羽化〕为 6(羽化是为了合成后的融合效果),将马匹勾选出来,马尾和毛发部分不必精细,可粗选一些,选好后按 Ctrl+C〔拷贝〕,再切换到蓝本图片中按 Ctrl+V〔粘贴〕,再用前面的调整方法调整〔颜色〕和〔亮度对比度〕,如图 571、图 572 所示。

图 568

《吴哥日出》　武炳森　摄

素材 1

《吴哥日出》

素材 2

《吴哥日出》

素材 3

《吴哥日出》

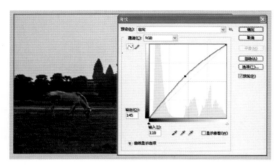

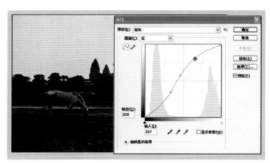

图 569

图 570

③再用上述的同样方法将〔吴歌素材 3〕片也拖到蓝本中,如果马匹的素材片边缘比较毛疵的部分选择过多,可用较软的〔橡皮擦〕工具修整。还要注意近大远小的透视效果。最后根据图片的整体效果进行〔剪裁〕完成本例的制作。

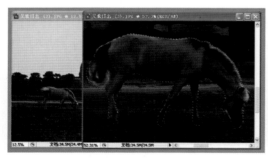

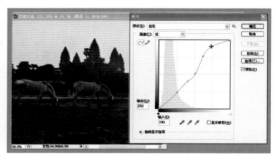

图 571

图 572

76 想象与组合的运用之三《暮色苍茫》

这幅作品的素材片分别拍摄于安徽黄山和福建霞浦,冬日的黄山云雾如滔滔海波一浪滚过一浪;海边的黄昏落日如一枚晶莹剔透的红宝石,被如练得海水系在秋天白皙的脖子上,满海边都仿佛流淌着霞光的烂漫。只可惜海边此时并无小舟行进,如此完美的摄影素材不加利用岂不太可惜? 缘于此,制作了这幅《暮色苍茫》,如图 573 左图所示。

   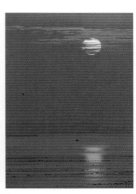

合成后作品　　　　　素材 1　　　　　　　素材 2　　　　　　　素材 3

图 573

《暮色苍茫》 奚永明　摄

①打开黄山素材片两张,如图 574 所示,将其中一张云雾里的山尖部分用〔套索〕工具勾选出来,为了边缘部分的柔和与便于和蓝本图片融合用较大的羽化值为 20,按 Ctrl＋C〔拷贝〕,再切换到左边蓝本图片中按 Ctrl＋V〔粘贴〕。

②这个山尖部分要调节大小和亮度及对比度还有色彩。用〔自由变换〕工具调节大小很容易,对比度与色彩要调整一致比较复杂。可以尝试先调亮度,再调色彩,然后再调亮度,再调色彩这样反复几次。再用较软的〔橡皮擦〕工具擦去上部的多余部分,再用 35％的不透明度细细擦去下部,直至完全融合后合并图层。左边蓝本图片的右上部是空白部分,下面要做的就是合成在福建霞浦拍摄的日落夕阳素材图片。

③打开日落素材片,按 Ctrl＋A〔全选〕后,再按 Ctrl＋C〔拷贝〕,切换到蓝

图 574

本图片中去按 Ctrl＋V〔粘贴〕，再将不透明度调节到 50％左右，即出现如图 575 所示的效果。"夕阳"素材是单独的图层，根据画面的创意还可以用〔自由变换〕更改它的大小显示。

④这一步比较费时费工夫，可以考虑加用蒙版进行擦拭，也可以用橡皮擦。我们这里先用较软的〔橡皮擦〕工具，用 100％的不透明度擦去日落素材片的下半部分，因为要保证前景中半剪影部分的清晰度。上半部分改用 40％左右的不透明度，关键是在擦拭树叶与云层的部分亮度很难把控，要放大了仔细擦拭才行。

图 575

既然是暮色苍茫，日落就应该有很强的透视效果，不能表现的太鲜明，色彩应为淡淡的效果，云雾之中透着夕阳落日来突出表现暮色苍茫的意境。

77 想象与组合的运用之四《古城春色》

600 多年前，朱元璋在明孝陵前建造了一座城门来看守自己的帝陵，称作"方城明楼"。遗憾的是，晚清太平天国一场战火烧毁了明楼屋顶，令这座明孝陵现存体量最大的建筑遗存徒剩四壁。后经国家文物局审批，2009 年 7 月明楼加顶保护工程完工。很多的摄影朋友在此也拍摄了许多图片以此表现古城，但是很多摄影人更想透过地势较高的明楼大门作前景来远眺繁华的南京城市新貌，都是由于角度不对不能如愿以偿，即使拍摄了也不理想，所以我们可以通过 Ps 软件合成的方式来表达这一想法，如图 576 所示。

素材 1

图 576

合成后的《古城春色》 杨小彦 摄

打开素材 1 图片，双击〔背景图层〕并解锁，然后用〔磁性套索〕工具沿着门框的边缘和下部城垛边缘做出选区，按 Delete 键删除选区，露出棋盘格形状的透明层。打开素材 2 城市远眺风光图片，与素材 1 图片合成，用〔自由变换〕工具调节合适大小的位置。再用〔色相/饱和度〕调节风光图片的色彩，再用〔曲线〕调节亮度与对比度，必要时还可以使用〔海绵工具〕将近景中的梅花加艳一些色彩以提高视觉效果，这一例制作即告结束。这是最最简单的二合一效果，下面还有两个范例也是用同样的方法合并完成的，如图 577、图 578 所示。

素材 2

图 577

《春到梅花山》 单倩如 摄

图 578

《金陵之春》原作　许云先　摄

78 想象与组合的运用之五《大漠客栈》

　　很多摄影朋友对大漠都情有独钟，首先的印象就是它的大，大得宏伟，大得壮观。漫漫的黄沙没有边际，它们仿佛向天边无限延伸，远处的天空也被它们染成了美丽的金黄……

　　作者说他是摄影发烧友，在钢筋水泥的城市中生活得太久，似乎已经习惯了每天程式化的生活，习惯了每天的视线被林立的高楼所阻隔，习惯了在霓虹闪烁中独自体验竞争的压力和无人分担的孤独。来到这无边的沙漠之中，心胸豁然开朗，真的觉得一个人、甚至一群人都是那么渺小，对大自然的敬畏之情油然而生，回想起昨天还在烦扰的各种心事，似乎都已经微不足道了。丢掉一切烦恼的事儿，抓起相机将感觉统统收进存储卡里。

　　想法归想法，感觉归感觉，拍回来的素材太多太多，想办法把它们组合成能说明问题的，表达自己想法的摄影作品才是上策，如图 579 所示。在拍摄时客栈的外面没有大批的驼群，有大批的驼群时看不到这样有特色的大漠客栈，就想法把它们合成在一起就有了《大漠客栈》这样的摄影作品。

合成后的作品　　　　　　　　素材 1　　　　　　　　　素材 2

图 579

《大漠客栈》　郑方舟　摄

在挑选素材时并不是所有的素材都可以进行合成，图片的颜色和亮度对比度都可以修正，而光照的方向是最最不能忽视的，所以我们常说合成中光照的方向性是一个很重要的参考值。这两幅素材的光照基本一致，颜色稍有差池，因为在拍摄时使用不同的白平衡，色温就会使数码图片表现出不同的颜色，这在后期是可以校正的。此片在合成时首先要有一个上下左右的概念，就是将客栈放在哪里比较合适，下面我们分五步来完成这张图片的制作。

①打开素材片 2〔客栈〕，打算将天空删除，只留下客栈部分。双击背景图层为背景层解锁，使用〔魔棒〕工具，调整容差约为 40，再点击天空部分会出现天空部分的选区，如果选区多选了可以换用〔套索〕工具，用减选区的方式将多选的选区划掉，如图 580 所示。也可以使用快速蒙版将选区做得更加精细，旨在去掉天空部分，方法可以任选。选区做好之后按 Delete 键删除天空部分的像素，露出棋盘格形状的透明层，如图 581 所示。

图 580　　　　　　　　　　　　　　　图 581

②大漠客栈招牌内的天空像素部分也要逐步删除，可继续使用〔魔棒〕将图片放大后用魔棒点选空格里的残留的天空像素部分删除掉即可，如图 582 所示。下面使用〔移动〕工具将去掉天空的客栈图片拖入素材 1 驼群图片中去，再用〔自由变换〕工具缩小图片按近大远小的透视效果放在右上角比较合适，如图 583 所示。

图 582　　　　　　　　　　　　　　　图 583

③可以将客栈图层〔图层 1〕减低不透明度以观察两图上下的衔接效果，如果衔接的比较好就固定在那里，如图 584 所示，还要把两图的颜色调整接近（关键是沙漠的颜色），这种调节两图都可以参与，因为在拍摄时尽管都是大晴天阳光下，使用的白平衡不同也会导致颜色的差异，两图的颜色越接近，后面的擦除工作越省事。

④这一步的工作要求比较细致，将客栈下部的沙漠擦除掉，院外的车轮外围也要细致的涂抹，感觉到差不多的时候，其实就剩下了客栈的院墙和院外的装饰部分，如图 585 所示。

这是减低不透明度加自由变换的效果

图 584

图 585

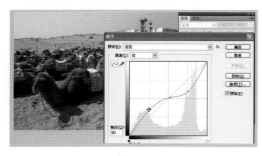

图 586

图 587

⑤图片做到这儿就可以结束了,两图合并完成本例制作。如果觉得哪里做得不如意,合成之后也是可以修饰的,因为大体已经完成。比如想把天空调节得蓝一些,可以将合成后的图片存储、关闭,再重新打开,用〔曲线〕工具在〔红色通道〕里调节,如图 586 所示。即可调成蓝青色的天空,下面的驼群和客栈部分用〔历史记录画笔〕工具涂抹回到打开时的状态,如图 587 所示。(刚才为什么要把图片存储关闭再重新打开呢?因为前面做得步骤比较多,牵涉到合成与自由变换,会让历史记录画笔工具呈现不可用的状态,所以必须要存储关闭再重新打开才可以使用历史记录画笔工具。)

79 想象与组合的运用之六《大海作证》

这两张素材片是在同一个地方拍摄的,面对夕阳西下,画面中的姑娘拉着小伙子的手久久没有松开而又默默无语。摄影者拍摄了一张又一张,脑海中即刻就翻现出一个让"大海作证"的爱情故事画面。从摄影的角度来说这样的画面还是可以的,但是太阳比较高,还有刺眼的光芒,要将人物和太阳实拍在一张画面中无法照顾周全,况且水面上感觉太空旷,学习过 Ps 制作的摄影者敏感地觉察到还要拍一些素材片在后期制作中来弥补这张图片的不足。在实际拍摄中,如果按人物曝光,太阳与天空是曝光过度一片白色;如果按太阳曝光,人物会是很浓重的剪影状态;所以在这两种素材图片的拍摄中都是用分别曝光的方法,一切都放到后期中去处理。如图588中素材1和素材2所示。

合成后的作品

素材1

素材2

图 588

《大海作证》 郑亦 摄

①打开素材1图片,双击背景图层,在弹出的对话框中点〔确定〕为其解锁,目的是要去掉天空部分,可以使用〔魔棒〕工具,调整〔容差〕约为50,点击后出现天空部分的选区,这时的选区由于容差的关系会有未选到的区域。下面再换用〔套索〕工具,点击选项栏中的〔添加到选区〕模式,将没选到的高光部分一一勾选添加,即修整出了完整的天空部分选区,如图589所示。再按Delete键删除天空部分,即会出现如图590所示的画面,再按快捷键Ctrl+D取消选择区。

图 589   图 590

②点击菜单中的〔文件〕→〔置入〕,打开置入对话框,找到素材2图片选中,点击对话框右下角的〔置入〕,即可将素材2打开在制作界面中,如图591所示。这样的打开方式是图片智能对象的方式,您可以直接用〔自由变换〕调整图片的大小方位,也可以双击画面退出〔自由变换〕,将图层面版中的上下位置进行切换(用鼠标左键按住图层上下拖拽即可变换上下关系),然后再调整人物图层与大海图层的大小视觉效果。所要注意的是两张图片阳光照射的方位要一致,如图592所示。

图 591

图 592

③方位及光照关系都已确定,下面要做的事就是将素材 1 图片中栏杆内的像素部分挖掉,我们可以将图片放大了来做。使用〔快速选择〕工具分别将各个选区做出后按 Delete 键删除掉,选不到的边缘区域可以用较硬的〔橡皮擦〕工具来擦除(在擦除角落的时候,可以换用选项栏里"模式"中的〔块〕工具来擦拭比较好),擦除后的效果如图 593 所示。

图 593

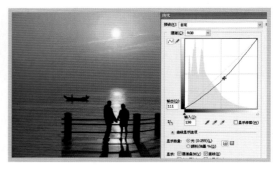
图 594

④这一步要把两张素材片的色差与对比度调节一致就可以了。使用〔曲线〕调整工具中的 RGB 模式下拉一些即可,如图 594 所示。现在的画面是非常浪漫的,远处一叶渔家小舟在下网捕鱼,近处情人手拉手海誓山盟,但整体的画面视觉效果感觉有一些左重右轻,还可以将素材 1 中右边的栏杆上拉一些,用〔自由变换〕中的〔变形〕效果可以达到这样的目的,如图 595 所示。最后合并图层用〔剪裁〕工具剪裁后完成本例制作,如图 596 所示。

图 595

图 596

80 运用CS-5〔调整边缘〕抠图详解

抠图也可以称之为抠像、去背或退底,以获取图像中我们需要的部分。简单地说,抠图就是挖掘图像,就是把图像中需要保留的部分抠选下来,而把不需要的部分删除或隐藏。抠图是图像处理工作中的难题,但也是我们必须面对的,特别是面对图像复杂交错的边界,抠图的难度较大。前面的课程中我们已讲了多种抠图方法,这里要说的是运用 Photoshop CS-5 的调整边缘达到快捷方便的一种抠图方法。

在 CS－5 中，取消了滤镜中抽出抠图的功能，但在选区中〔调整边缘〕面版里增加了智能抠图的功能。下面我们打开一张有飘逸长发的模特儿图像，再复制一个副本，为了在抠出后有比较明显的显示，在副本下面放置一幅风光图片，然后激活副本层，如图 597 所示。用选择工具做选区，选区不用太精细，可用快速"选择工具"作出大概的选区，头发部分不必全部选中，大致走向沿着被抠取的主体轮廓即可，如图 598 所示。

图 597

图 598

只要是选择做选区的工具，在选项栏中都有〔调整边缘〕的入口，或在菜单—选择—调整边缘点击也一样。进入调整边缘对话框。对话框从上至下分为四栏，第一栏为"视图模式"，点击缩略图右边的小三角下拉出七种模式可供选择，这也是 CS－5 新功能的体现。第二栏为"边缘检测"，第三栏为"调整边缘"，第四栏为"输出"。在这个对话框里可以分三步完成抠取图像的任务。

图 599

在〔视图模式〕里我们选择〔背景图层〕缩略图模式，就可以看见已去掉了背景，露出了下面的风光层图片，但是人物头发显示效果很不理想。散碎的发丝都不可见，因为在"边缘检测"一栏中"半径"显示为 0.0，如图 599 所示。我们将"半径"向右边调整，半径的大小显示毛发的效果是不一样的，半径调到最高，毛发细节显示非常好。半径高和半径低的优缺点如下：

半径数值小——毛发细节效果不好。

半径数值大——毛发的细节显示非常好。但背景显示出半通透的状态，人物身体部分映出了背景中的像素效果，这是我们不想要的混杂效果，这是〔容差〕范围太大，出现了半透明的状态，如图 600 所示。

所以只有将半径回调到较小的数值，那么回到多少的数值好呢？我们暂时先调回来一

图 600

177

些,在〔视图模式〕中点击〔显示半径〕打上勾号,画面即出现了半径效果,如图 601 所示。画面中这样的效果您可能就明白了,这就是比较早期的〔抽出〕的概念,定义的一个外轮廓,一个内轮廓的显示。也有些像外挂滤镜 K2 抠图中内线与外线的显示方式,软件也是根据外轮廓和内轮廓来计算的,也可以这样解释,这样大的半径计算起来无法达到严密的精确性。

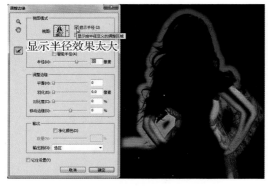

图 601

图 602

那么下面我们就借助〔智能半径〕打上勾号,有了这样的命令,它会帮你控制什么地方应当窄一些(身体部分),什么地方应当宽一些(头发部分),由它来主观的帮你判断内外区域,所以点击这个〔智能半径〕后,就显示了这个图形,如图 602 所示。

以上是给你一个制作中的参考,下面我们关掉〔显示半径〕去掉勾号,再看画面就清晰了很多,半通透的状态也消失了,发丝的显示也准确了很多。但是这种发丝的显示还不是很干净很完整,还有些选区留下锯齿状,因此我们再看第二步的调整。〔调整边缘〕选项中有〔平滑〕,将平滑略微调整一点儿,大约 3~4 的数值即可,它的作用是平滑锯齿状边缘,将〔羽化〕再调整一点儿,大约 0.5~0.7 即可,〔对比度〕和〔移动边缘〕都不必动它。下面我们再点击〔视图模式〕中的黑白缩略图〔将选区作为蒙版查看〕就可以看见

黑白显示效果

图 603

蒙版效果图,这儿的黑白显示非常好,这其实也是通道中的原理显示,白色是留下的,黑色是透明的,如图 603 所示。

再看〔白底〕的缩略图,显示为发丝的边缘部分还残留一些背景的颜色,这是我们不想要的残留色。可以借助两个工具来修饰,点击〔边缘检测〕左边的图标可以显示这两个工具,如图 604 所示。一个叫做"调整半径工具",一个叫做"涂抹调整工具",其实是一个加一个减的方式,可以通过涂抹,抹去发丝中残留的背景色像素,如图 605 所示。

涂抹的方法——将复杂的交错区域都涂到,特别是毛发伸展的末梢,涂抹时还可以使用快捷键来改变画笔的大小,也可以使用鼠标调整〔调整边缘〕面版外边的工具选项栏中的"大小"参数。经过〔调整半径工具〕涂抹后如果有个别区域缺失了(包括半透明缺失),可以按住 Alt 键,将〔调整半径工具〕转换为〔涂抹调整工具——画笔中心出现一号〕进行涂抹还原。

图 604　　　　　　　　　　　　　　图 605

最后一步是〔输出〕处理,把〔净化颜色〕打上勾号,鼠标显示说明为"从图像中移去彩色边数量",它的道理就是去除环境色的影响,可以设置为 70～80 的百分比,如图 606 所示。这样就达到了非常理想的效果。这也是 CS‑5 新功能里一个非常强势的功能。

★说明:调整时可以实时浏览调整,适当设置参数。但弊端是数值越大,边缘锐度越低。

做了〔净化颜色〕的设置后即完成了这三步的制作,按〔确定〕即可。这里有一个说明:这个"调整边缘"的制作完成后,不能在原图层做输出,只能新建输出,所以在按〔确定〕时要看输出选项中的〔输出到〕是什么样的选项,一般是以默认的方式进行的,如图 607 所示。

注意输出方式

图 606　　　　　　　　　　　　　　图 607

在〔确定〕之后,它生成了一个带有通道蒙版的缩略图,所以能看出,它也是利用了通道的原理,辅助了其他选项来达到的一种抠图方式,如图 608 所示。既然是通道原理,我们可以遵循白色是留下的部分,黑色是透明的部分,对画面上的一些瑕疵部分可以分别用黑白画笔做最后的修饰。修饰时的图层外框必须选择通道缩略图,如图 609 所示。

最终效果图

图层外框必须选择通道缩略图

黑白通道方式,还可以修改

图 608　　　　　　　　　　　　　　图 609

以上就是在 Ps CS－5 中运用〔调整边缘〕功能进行抠图的相关操作要点,用调整边缘抠图方便快捷,如果设置得当,效果还是很不错的。

81 创意制作的艺术效果之—《落日余晖》

本节讲光照效果滤镜的使用——将白天拍摄的照片制作成傍晚〔落日余晖〕的效果。操作步骤大体分为五步:1. 复制通道;2. 制作通道选区;3. 执行滤镜效果;4. 改变天空颜色;5. 调整地面建筑〔背景层〕的亮度与对比度,就可以达到如图 610 所示的效果。

制作前的原图　　　　　　　　　　　　制作后的效果

图 610

1. 打开图片,点击〔通道〕进入通道效果显示,主要是观察各通道对比度的情况,蓝色通道对比度比较好,就选择蓝色通道,并将蓝通道用鼠标拖至图层面版最下方的〔创建新通道〕图标上创建一个蓝色通道的副本〔Alpha 通道〕。

2. 打开〔曲线〕命令对话框,用曲线命令将蓝通道调整成两极影调,调整曲线的线状图如图 611 所示。天空为白色,地面建筑物为黑色,如果有调整不到的地方,可以用硬画笔工具涂抹,对细微部分可将图像放大涂抹,达到黑白两极影调即可。

3. 按住 Ctrl 键点击蓝副本通道载入选区(即有蚁形线在闪动,选择的是天空部分)。点击图层面版上的〔图层〕从通道返回图层,并激活为蓝色,再点击菜单中的〔图层〕→〔新建〕→〔通过拷贝的图层〕,或直接按快捷键 Ctrl＋J 复制天空选区部分为新图层(注意:就只有天空部分的像素),如图 612 所示。

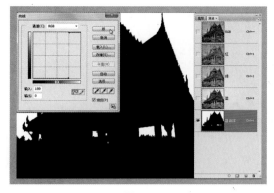

图 611   图 612

4. 执行菜单下的〔滤镜〕→〔渲染〕→〔光照效果〕，打开光照效果对话框，在对话框中做如下设置：光照类型——全光源，调整灯光的〔强度〕，一般以 50～60 的数值比较适中。外环的大小也可以设置，再就是改变灯光的位置（拖到建筑物的背后适中的区域），其他的数据按照默认可以不要动，如图 613 所示。设置好后按〔确定〕即可出现建筑物背面有光照的效果，就仿佛太阳已落下正好处在建筑物的背面，如图 614 所示。

图 613   图 614

这里有个小提示："光照效果"滤镜能在 RGB 和 Lab 图像上产生无数种光照效果，也可以使用来自灰度文件的纹理产生类似 3D 的效果。

5. 上面光照效果已做好，下面要给天空的云彩上色。执行菜单下的〔图像〕→〔调整〕→〔渐变映射〕命令，打开"渐变映射"对话框，这里的渐变条是个灰度映射所用的渐变，在对话框的渐变条上单击即可弹出〔渐变编辑器〕，在编辑器中我们可以编辑一种夕阳西下时天空从暗红到黄的渐变效果，如果觉得满意就点〔确定〕，这样渐变效果就会出现在〔渐变映射〕对话框中，继续点击〔好〕，即会反映在图像效果中，如图 615 所示。

6. 这样的云彩效果已经做好，如果觉得色彩有差异，还可以修正。可以用〔曲线〕或〔色阶〕调整明暗，也可以调整它的不透明度，如图 616 所示。因为此时它还是一个单独的图层。（小提示：渐变映射的色彩效果是做在图层 1 云层上的，如果将它的不透明度降到 0，就等于没有做渐变映射的效果。）

7. 将图层面版上的〔背景图层〕激活为蓝色，用〔曲线〕调整降低地面建筑物的亮度来适应夕阳下的暗色效果。最后合并图层。到此，本案例制作完成。

结尾语：这样的案例也可以换一个夕阳西下的背景，属于合成效果。这里是单张制作的范例。

图 615   图 616

82 创意制作的艺术效果之二人物与风光的素描效果

Photoshop 的功能非常强大,仅滤镜就能制作出很多的艺术效果。这一节我们就讲一下滤镜中做出人物与风光的素描效果。操作要点非常简单:①复制图层。②为图片去色。③执行〔查找边缘〕滤镜,就会获得一种素描画的效果,如图 617 和图 618 所示。

制作前的原图   制作后的效果

图 617

1. 打开图片,使用〔曲线〕工具将图片稍稍提亮〔视图片明暗而定〕。

2. 将背景图片用鼠标按住拖至图层面版的下方〔创建新图层〕图标上,创建一个背景副本,再按快捷键 Shift+Ctrl+U 将背景副本去色。提示:(当然彩色也可以做)因为素描画主要体现的是对明暗关系的理解,以线条描绘图形即可,从某个角度来说不需要颜色信息。还要注意的是不同的颜色转为黑白之后会有不同的明暗效果。

3. 执行菜单下的〔滤镜〕→〔风格化〕→〔查找边缘〕,此滤镜没有设置对话框,直接就形成了查找边缘的视觉效果。

提示①"查找边缘"的滤镜作用是,在白色背景上用黑色线条来勾画图像的边缘,以得到图像的大致轮廓。

提示②做"查找边缘"的图片线条结构非常重要，不是什么图片都可以做，做好之后能达到视觉比较好的图片并不多。所以图片前期的用光、明暗关系很重要。如果先加大图像的对比度，然后再应用"查找边缘"的滤镜，则可以得到更多更细致的边缘，这对生成图像周围的边界非常有用。

注：（不一定做了效果以后会有多好看，而它是以一种艺术效果来呈现的！）

"查找边缘"的效果做好之后，视图片的明暗影调再用加深减淡工具进行修饰，必要时还

制作前的原图　　　　制作后的效果

图 618

要用曲线工具调整画面的明暗关系，做好的范例如图 619 和图 620 所示。

图 619

图 620

另外还有一种制作方法，稍微复杂一些，但是表现出的效果更加线条化。操作的要点为去色、复制、反相、图层混合模式及高斯模糊命令的运用。

1. 将打开的原图片做去色处理，用〔曲线〕工具稍稍减淡一些，再把这个背景层用鼠标按住拖到图层面版的下方〔创建新图层〕图标上复制一个背景副本，如图 621 所示。

2. 执行菜单下的〔图像〕→〔调整〕→〔反相〕，或按 Ctrl＋I 快捷键，将副本做反相处理，如图 622 所示。

将原片打开做去色处理，稍稍减淡一些后复制一个背景副本

图 621

将副本做反相处理

图 622

3. 将反相处理的副本激活,把图层面版上的〔混合模式〕指定到〔颜色减淡〕,如图 623 所示。此时的图像画面就会出现全部呈白色的状态(负相是上层的深色,颜色减淡就减成白色是混合的效果)。

4. 执行菜单下的〔滤镜〕→〔模糊〕→〔高斯模糊〕命令,在弹出的〔高斯模糊〕对话框中将半径设置为大约 5.0 像素,此时就透出了上层与下层的混合图形——一个白色的线条图像,如图 624 所示。(半径越大,透出的图像就越深)这是上层与下层的混合效果。

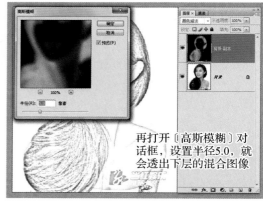

图 623

图 624

5. 下面根据图像的深浅(靠自己观察)做一些处理,可以用〔曲线〕工具稍稍向下拉深一些,也可以用〔亮度/对比度〕工具加大一些对比度。到此完成本案例制作。

那么我们看一下此项的制作原理,关掉背景层的可视效果(点掉小眼睛即可)就会出现背景副本上所做过的效果,如图 625 所示。这就会看到我们刚才所做的〔反相〕在〔颜色减淡〕的混合模式下又经过了〔高斯模糊〕的处理和下面的背景层混合起来而达到的一种线条效果,(再把小眼睛点回来)如图 626 所示。这样的效果虽然多了几个步骤,但是后面的处理空间会比较大,容易控制。

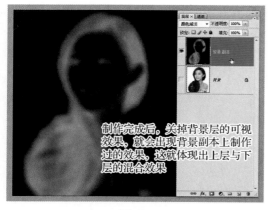

图 625

图 626

我们这里要说的是,再高明的制作手法都不可能适用于任何图片,但是如果我们能学习到更多的手法就会有更多的用武之地。看图选择制作方法(这就是创意)是我们必须要明白的!

83 图像处理技巧——露珠的制作

1. 打开这张树叶的图片,(上面已经有了一颗做好的水滴露珠作参考)在图片中用椭圆选框工具画出一个椭圆选择区。

2. 按 Ctrl+J 复制选区内部分生成图层 1,但画面上看不出来,看图层面版,如图 627 所示。

3. 点击菜单中的〔滤镜〕→〔扭曲〕→〔球面化〕,如图 628 所示。在球面化调节对话框里,以它正常的 100% 默认值按〔确定〕即可,然后再重复一次。或可以直接再打开〔滤镜〕按第一个就是重复第一次的操作,也可以按 Ctrl+F 快捷键。此时的水滴图层 1 会自动产生放大并模糊的效果,可以用〔自由变换〕做缩小调整即可返回清晰度。

图 627

图 628

4. 点击图层面版下方的〔添加图层样式〕图标,在〔混合选项〕下找到〔内阴影〕点击即可打开内阴影对话框,如图 629 所示。设置如下参数:角度为 90,距离 10 像素,大小为 40 左右,适当降低不透明度。

5. 刚才第四步做的是内阴影,再做一步投影效果。再次打开〔图层样式〕,点击〔投影〕打开投影对话框,设置如下参数:90 度—距离 8—大小 10—不透明度 50,如图 630 所示。

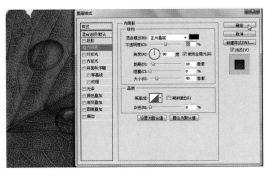

图 629

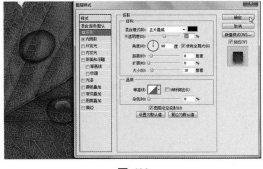

图 630

6. 点击图层面版下方的〔创建新图层〕图标,生成图层 2,羽化 1,用椭圆选框工具在画面的水滴上画出一个小小的椭圆选区,这是用来模拟水滴表面的反光。然后点击〔渐变〕工具,设置渐变色为白色到透明,线性渐变模式,在作出的选区上从上至下画出白色至透明的渐变效果。然后取消选择或者按快捷键 Ctrl+D,将图层面版上的不透明度降至 60％即可,如图 631 所示。

7. 下面将图层 1 和图层 2 合并,这就仿佛是天堂撒下那晶莹的露珠,到此制作完成。如果要做出很多的大小不一的露珠,可以用移动工具按住 Alt 键即可拖出很多的露珠,再用〔自由变换〕工具调节大小放在相应的位置上即可,如图 632 所示。

图 631　　　　　　　　　　　　　　　图 632

84 利用滤镜插件制造光线效果

首先将〔制造光线〕的滤镜插件复制到 C 盘(系统盘幅中)的滤镜中去,才能有效地利用这种外挂滤镜的光线制造。具体操作如下:首先将这个插件选中点复制。

1. 打开 C 盘〔系统盘〕,找到 Program Files 文件夹所在地打开,再找到 Adobe 文件夹打开,找到 CS－3 的文件夹(或 CS－5 或 Ps7.0 也可以)打开,找到 Plug-Ins 这是增效工具文件夹打开,最后再找到 Filters 滤镜文件夹打开,将刚才复制的〔制造光线〕滤镜插件粘贴在这里即可。

2. 将 CS－3 软件关闭再重新打开即可在菜单的滤镜下找到〔制造光线〕的滤镜插件 L'amico perry→Luce。也就是说已经安装成功。

3. 打开图片,先设置背景色盘为黑色。使用剪裁工具,多选出上部约 3 厘米,按〔确定〕,即留出上部 3 厘米的黑边。这一步是为了下面可以点出光线射出来的余地,如图 633 所示。

4. 在图层面版上点击通道,复制 B 通道〔蓝〕,成为蓝副本通道,(说明:这个蓝副本不会影响到画面色彩)然后在蓝副本通道上用黑色画笔工具涂抹,只留下右上角的一块区域不涂,为发光点设置一个射入光线的地方,如图 634 所示。

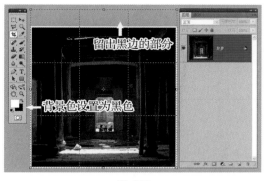

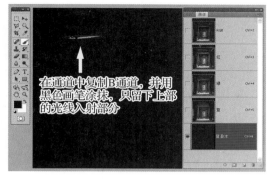

图 633

图 634

5. 确定在这个蓝副本通道上,按 Ctrl＋A〔全选〕,再按 Ctrl＋C〔拷贝〕,点击回到图层面版,再点图层面版下方的〔创建新的图层〕按钮创建空白的图层 1,再按 Ctrl＋V〔粘贴〕,就将刚才复制的蓝副本粘贴在图层 1 上面了。

6. 点击菜单上的〔滤镜〕,在滤镜的最下方找到 L′amico perry→Luce 点击,即打开了制造光线的对话框〔Effetto Luce by Perry〕。使用鼠标在〔对话框〕的上角(留出的黑边处)点击就可以看见光线从未涂的缺口处射出,随着鼠标的点击,光线会由鼠标的点击处改变射入的方向。如果嫌光线较弱,可以改变对话框下面的百分比,比如改成 400%,光线即比较强烈,如图 635 所示。感觉好就点击〔ok〕,在画面上就出现了光线射入的情况。

7. 下面将图层面版上的混合模式打开,设为〔滤色〕,滤色的模式是去掉黑色,画面中出现了非常漂亮的光线射入的光柱,如图 636 所示。

图 635

图 636

8. 如果觉得光线照射有超出的地方,可以用自由变换来调节大小,还可以用橡皮擦工具修饰,因为这是一个单独的图层,如图 637 所示。

在这个范例的制作中,光线的大小及入射的角度都是可以调节的。如果觉得光线过硬,还可以打开〔高斯模糊〕调节。还可以用〔滤镜〕中的〔渲染〕为画面加上光晕效果。最后合并图层,再将多出的黑边剪裁掉即完成本案例制作,如图 638 所示。

图 637

图 638

完成后的光线效果　原图　屠跃康　摄

85 使用Photomerge命令接片

　　Photomerge(意为图片拼接)，也是数码接片的方式方法，和移动工具属性栏中的〔自动对齐图层〕基本上差不多，只是打开的方式不一样。拍摄时图片边缘应有衔接的重复部分及保持在同一水平上，否则合成的图片中间会出现不协调和断层的现象。

　　下面我们操作一下就能看出这个接片功能的效果。点击菜单下的〔文件〕→〔自动〕→〔Photomerge〕，如图 639 所示，即可打开〔Photomerge〕对话框。在〔版面〕一栏中有"自动"、"透视"、"圆柱"等等，在 CS－5 以后的版本中要多几个选项，在〔源文件〕一栏中，我们点击〔浏览〕即可在打开的对话框中找到相应的盘符，找到相应文件夹中的需要拼接的文件〔图片〕，打开即可显示在对话框中。按住 Shift 或 Ctrl 键全部选中文件图片为蓝色显示，如图 640 所示。再点按右上角的〔确定〕，Photomerge 即可将三张图片自动拼接在一起，三张原图如图 641 所示。

这是CS-5界面的打开方式，菜单下的文件—自动—Photomerge，打开Photomerge〔自动拼接〕对话框。

图 639

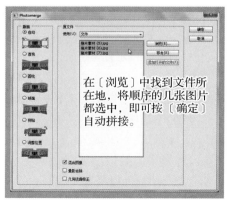

在〔浏览〕中找到文件所在地，将顺序的几张图片都选中，即可按〔确定〕自动拼接。

图 640

图 641　图为三张左右相互多一点的原图片

　　从图层面版上去看,这是使用通道蒙版的原理自动链接在一起的一个新功能,如果一次拼接不成功,还可以再次拼接。如果在拍摄的图片上有曝光差异的话,还可以点击解除图层面版上的〔自动链接〕的标识,将选框标识选在图片上(而不是蒙版上)即可进行〔亮度和对比度〕或〔曲线〕等调整,如图 642 所示。

图 642

86 滤镜中液化效果的使用

使用 Liquify〔液化〕滤镜所提供的工具,我们可以对已经存在的图像任意扭曲进行变形处理,还可以定义扭曲的范围和强度。还可以将我们调整好的变形效果存储起来或载入以前存储的变形效果。总之,液化命令为我们在 Ps 中变形图像和创建特殊效果提供了强大的功能。

液化滤镜可用不同的工具对画面进行推、拉、旋转、反射、折叠和膨胀图像的任意区域,这就使得液化命令成为修饰图像和创建艺术效果的强大工具。

在 Ps 中操作时,一般情况下,我们可以先将背景图片进行复制,比如点按 Ctrl＋J 复制图层 1,再打开〔菜单〕中〔滤镜〕下的液化设置,进入液化工作界面,如图 643 所示。在界面的左侧是液

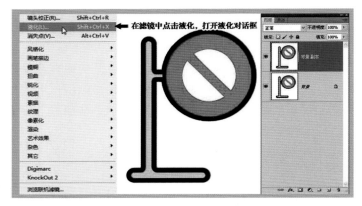

图 643

化命令的工具箱,它包含了 12 种应用工具,有变形工具、重建工具、顺时针旋转扭曲工具等等。液化工具的排列如图 644 所示。

在左侧的第一个为 ![icon]〔向前变形工具〕,它的作用是可以移动图像中的像素,得到变形的效果。在使用的时候,它的画笔大小是个非常重要的参数,因为变形的多少与变形区域有密切的关系,我们可以在右侧的〔工具选项〕一栏中设置画笔大小,也可以按键盘上的左右中括号键设置画笔大小。

〔画笔密度〕的作用是更改画笔边缘的强度,如果密度大,推移画面像素的时候,整个画笔内的像素都会推移;如果密度小,推移画面像素的时候,画笔中心推移的比较明显,而画笔边缘就比较小,中心和边缘有一个比较好的过度,可以理解为画笔边缘的羽化,这就是画笔密度的作用。

图 644

〔画笔压力〕是指我们用鼠标在拖移的时候,笔触下的压力大小,压力越大,拖移的就越明显越厉害。一般情况下,我们默认它打开时的默认值不去动它,需要调节的时候再去调节它的压力大小来产生扭曲速度,设置较低的压力更易于在恰到好处时停止扭曲。

左侧的第二个工具 ![重建工具图标] 为〔重建工具〕，使用该工具在已经做过变形的区域单击鼠标或拖动鼠标进行涂抹，可以使变形区域的图像恢复到原始状态，我们也可以理解为恢复变形工具。当然，它还有很多的选项，在〔工具选项〕的最下面还有〔重建模式〕的选项可供我们使用时挑选，如图 645 所示。这个工具的使用是非常方便的。在〔重建选项〕中还有模式可供我们挑选，比如〔重建模式〕中我们选择〔恢复〕，再在下面〔重建选项〕中挑选一个其他选项来恢复，就可以恢复到指定的模式中。假如说我们的图像有了很大很多的推移变形，想对整个画面进行重建〔恢复〕的话，就可以直接点按〔重建〕按钮，即可以对整个画面进行重建操作。〔恢复全部〕就是对图像恢复到最开始的状态。

![顺时针旋转扭曲工具图标] 〔顺时针旋转扭曲工具〕——就是使用该工具在图像中单击鼠标或拖移鼠标时，图像会被顺时针方向旋转扭曲，旋转扭曲的大小也是画笔的大小覆盖区域。如果画笔密度过大，则旋转扭曲就会十分生硬，一般情况下，画笔密度都调节的比较小。在老版本的 Photoshop 中有顺时针和逆时针的两个工具选项，而在这里优化为一个工具选项，要逆时针旋转扭曲的话，可以按住 Alt 键，画面则可以被逆时针旋转扭曲，这就是旋转扭曲工具的使用方法，如图 646 所示。

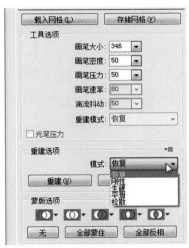

图 645

图 646

![褶皱工具图标] 〔褶皱工具〕其实就是收缩，使用该工具在图像中单击或移动鼠标时，可以使画面像素向画笔中心区域的中心移动，从而产生图像收缩的效果。在使用时可以综合调节〔画笔密度〕和〔画笔压力〕来调节这个收缩的频率大小，得到不同的收缩效果。

![膨胀工具图标] 〔膨胀工具〕与〔褶皱工具〕是相反的，使用该工具在图像中单击鼠标或拖动鼠标时，可以使画面像素向画笔中心区域以外的方向移动，从而图像按画笔大小产生局部膨胀的效果。如果做的不理想也可以用〔重建工具〕来恢复画面，如图 647 和图 648 所示。

![左推工具图标] 〔左推工具〕的使用可以使图像产生挤压变形的效果，使用鼠标垂直向上拖动时，画面像素向左移动；向下拖动鼠标时，画面像素向右移动；如果横向向左移动鼠标，画面像素即向下移动；向右移动鼠标，画面像素则向上移动。既然是左推工具，如果按住 Alt 键，则可以起到如上所述相反的推移效果。

图 647　褶皱工具的收缩效果　　　　图 648　膨胀工具的效果

〔镜像工具〕使用该工具时,用鼠标在图像上拖动可以创建镜像。比如用鼠标自下向上拖动时,可以看到在画笔的右侧建立了画笔左侧的镜像,那么向下推动时,画笔的左侧会建立画笔右侧的镜像。如果左右推动鼠标,画面像素的变动就有点像刚才说的〔左推工具〕的用法差不多了。不过它是用来建立镜像的,可以创建类似于水中倒影的效果。

〔湍流工具〕的使用,可以随着鼠标平滑的移动,画面图像产生混杂像素的效果,产生类似于火焰、云彩、波浪等特殊效果。选项中的【湍流抖动】可以调节湍流的紊乱度。

〔冻结蒙版工具〕,再往下有两个蒙版工具,一个是该工具,它可以使用画笔画出蒙版的颜色,也就是冻结区域。在调整时,冻结区域内的图像不会受到变形工具的影响。

〔解冻蒙版工具〕就是用画笔涂去蒙版色块,解除该区域的冻结。

最后的〔抓手工具〕和〔缩放工具〕想必更好理解,这里就不再赘述。

液化工具的几种效果如图 649 所示。

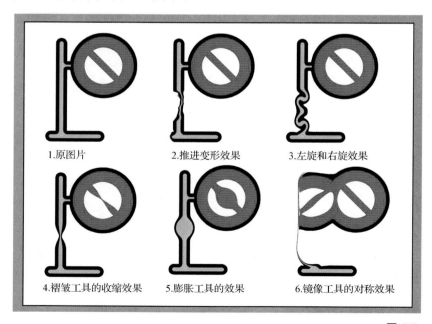

图 649
滤镜液化效果图

在液化界面右边的选项中还有〔蒙版选项〕,点按〔全部蒙住〕即冻结整个画面,但如果用解冻工具涂去画面中心的一小部分,则中心的这一小部分可以做变形处理,而〔全部反向〕则是反向处理这一区域。左侧的〔无〕即是完全不冻结画面。

〔视图选项〕中的〔显示图像〕打上勾号则是预览整个图像的操作,一般我们不用动它。再往右边的〔显示网格〕打上勾号则是在画面中显示了推动画面像素后产生的网格效果,而且下面还有网格的大小选择、网格颜色的选择、如果设置为红色的网格,那么会观看的更加清楚明了。

〔显示蒙版〕打上勾号,则会显示冻结的区域蒙版颜色,一般也打上勾号比较直观一些。而且蒙版的颜色也可以改变为您喜欢的直观的颜色。

〔显示背景〕的意思是,当我们液化处理完这一幅图片的时候,点击打上勾号可以显示出没有液化之前的图像进行参考比较,鉴别液化处理的效果。这个设置常常用到,而且非常好。

附：滤镜液化界面的补充说明

载入网格:单击此钮,然后从弹出的窗口中选择要载入的网格。

存储网格:单击此钮可以存储当前的变形网格。

画笔大小:指定变形工具的影响范围。

画笔压力:指定变形工具的作用强度。

湍流抖动:调节湍流的紊乱度。

光笔压力:是否使用从光笔绘图版读出的压力。

模　　式:可以选择重建的模式,共有恢复、刚硬的、僵硬的、平滑的、疏松的、置换、膨胀的和相关的八种模式。

重　　建:单击此钮,可以依照选定的模式重建图像。

恢　　复:单击此钮,可以将图像恢复至变形前的状态。

通　　道:可以选择要冻结的通道。

反　　相:将绘制的冻结区域与未绘制的区域进行转换。

全部解冻:将所有的冻结区域清除。

冻结区域:勾选此项,在预览区中将显示冻结区域。

网　　格:勾选此项,在预览区中将显示网格。

图　　像:勾选此项,在预览区中将显示要变形的图像。

网格大小:选择网格的尺寸。

网格颜色:指定网格的颜色。

冻结颜色:指定冻结区域的颜色。

背景幕布:勾选此项,可以在右侧的列表框中选择作为背景的其他层或所有层都显示。

不透明度:调节背景幕布的不透明度。

附录【常用快捷键】

全部选择	〔Ctrl＋A〕	取消选择	〔Ctrl＋D〕
拷贝	〔Ctrl＋C〕	粘贴	〔Ctrl＋V〕
恢复选区	〔Shift＋Ctrl＋D〕	自由变换	〔Ctrl＋T〕
反选选区	〔Shift＋Ctrl＋I〕	返回一步	〔Ctrl＋Z〕
选区羽化调节	〔Ctrl＋Alt＋D〕	合并可见图层	〔Ctrl＋Shift＋E〕
剪切	〔Ctrl＋X〕	向下合并图层	〔Ctrl＋E〕
删除选区的图像	〔Del〕	满画布显示	〔Ctrl＋O〕
放大视图	〔Ctrl＋ + 〕	缩小视图	〔Ctrl＋ - 〕
关闭单张图像	〔Ctrl＋W〕	关闭全部图像	〔Ctrl＋Alt＋W〕
显示和隐藏网格	〔Ctrl＋'〕	显示和隐藏标尺	〔Ctrl＋R〕
新建文件	〔Ctrl＋N〕	打开文件	〔Ctrl＋O〕
退出图片处理	〔Ctrl＋Q〕	打开首选项调节框	〔Ctrl＋K〕

任务管理器显示	〔Ctrl＋Alt＋Del〕
通过拷贝建立一个图层	〔Ctrl＋J〕
向下合并或合并连接图层	〔Ctrl＋E〕
填充前景色	〔Alt＋Del 或退格键〕
填充背景色	〔Ctrl＋Del 或退格键〕
显示或隐藏所有命令调版	〔Tab〕
显示或隐藏工具箱以外的所有调版	〔Shift＋Tab〕
存储为	〔Ctrl＋Shift＋S〕
临时抓手工具	空格键
缩小或放大画笔工具	中括号键[ ]
可以使用鼠标滚轮缩放视图	按住 Alt 键
可以使用鼠标滚轮左右平视移图	按住 Ctrl 键
使图片恢复到打开时的状态	〔F12〕键

附彩图（35 幅后期处理作品）

附彩图（1） 用 CS－5 给宏村图片换天空背景做倒影的方法　　　　　《宏村暮色》　沈幼章　摄

附彩图（2）　使用图层
样式中的内发光制作效果

附彩图（3）

附彩图（4）　用通道抠发换背景效果　　　　　　　　　　原图　杨冠群　摄

附彩图（5）　使用〔色彩范围〕抠图合成的效果　　　　《大漠晨韵》　邹韵律　摄

附彩图（6）　使用〔色彩范围〕的制作效果　　　　《农家后代》　杨翠玲　摄

附彩图（7）　压缩构图的效果　　　　《天山深处有人家》　石海燕　摄

附彩图（8）　压缩构图的效果

《太湖夕阳》　邹韵律　摄

附彩图（9）　创意制作范例

《月亮代表我的心》　奚永明　摄

彩图（10）　想象与组合的运用之三

《暮色苍茫》　奚永明　摄

附彩图（11）　创意制作范例

《红帽子家园》　张国义　摄

附彩图（12）　利用〔阈值〕制作黑白色

调分离效果　刘泽生　摄

附彩图（13）　滤镜中的海报边缘效果

《宏村印象》　徐康元　摄

附彩图（14）　利用动作面版制作虎实两种雪花效果

《玄武冬色》　杨小彦　摄

附彩图（15） 利用动作面版制作下雪效果

《飞雪迎春到》 井永秋 摄

附彩图（16） 滤镜中的水彩画效果

《维吾尔少女》 吴云 摄

附彩图（17） 滤镜中的海报
边缘效果 冯春生 摄

附彩图（18） 给画面添加光线效果

《城南早点》 韩乃义 摄

附彩图（19） 移图与滤镜效果的混合运用

《龙飞凤舞》 何布 摄

附彩图（20） 杂志封面的制作

附彩图（21） 磨皮效果的运用

附彩图（22） 想象与组合的运用之一
《塞外风光》 任齐清 摄

附彩图（23） 通道柔化效果

附彩图（24）　给衣服换图案和颜色的效果　　　　　　原图　郑苏英　摄

附彩图（25）　抠发换背景效果　　　　　　附彩图（26）　想象与组合的运用之六
　　　　　　　　　　　　　　　　　　　　　　《大海作证》　郑亦　摄

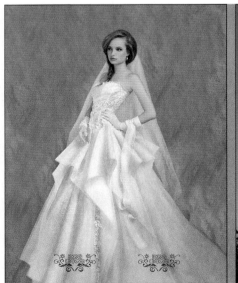

附彩图（27）　使用通道抠取透明婚纱换背景效果

附彩图（28）　抽出透明体换背景的效果

附彩图（29）　用 CS－5 中的〔调整边缘〕换天空
背景的效果　原图　孙乃光　摄

附彩图（30）　想象与组合的运用之二
《吴哥日出》　武炳森　摄

附彩图（31）　使用 CS－5〔调整边缘〕抠发换背景详解

附彩图（32）　滤镜的混合运用

彩图（33）　想象与组合的运用之四（1）　　　彩图（34）　想象与组合的运用之四（2）

《古城春色》　单倩如　摄　　　　　　　　《古城春色》　杨小彦　摄

附彩图（35）　想象与组合的运用之五　　　　　《大漠客栈》　郑方舟　摄